U0046280

The Love Guru's
Guide to Sex

女♀♂性須知

提娜‧拉吉舍維琪 Tina Radziszewicz◎著

羅倫佐◎譯

高寶書版集團

NW 新視野 030

女‧性須知 The Bliss Love Guru's Guide to Sex

作　　者：提娜‧拉吉舍維琪 Tina Radziszewicz
譯　　者：羅倫佐
編　　輯：楊惠琪
校　　對：李欣蓉
出 版 者：英屬維京群島商高寶國際有限公司台灣分公司
　　　　　Global Group Holdings, Ltd.
地　　址：台北市內湖區新明路174巷15號10樓
網　　址：gobooks.com.tw
E — mail：readers@sitak.com.tw＜讀者服務部＞
　　　　　Pr@sitak.com.tw＜公關諮詢部＞
電　　話：(02) 2791-1197　2791-8621
電　　傳：出版部　(02) 2795-5824
　　　　　行銷部　(02) 2795-5825
郵政劃撥：19394552
戶　　名：英屬維京群島商高寶國際有限公司台灣分公司
初版日期：2006年2月
發　　行：希代書版集團發行/Printed in Taiwan

The Bliss Love Guru's Guide To Sex by Tina Radziszewicz
Copyright © Emap Elan Ltd 2005
This translation of THE BLISS LOVE GURU'S GUIDE TO SEX by Tina Radziszewicz,
first published in the United Kingdom in 2005, is published by arrangement
with Piccadilly Press Limited, London, England,
through Bardon-Chinese Media Agency.
Complex Chinese translation copyright © 2006 by Global Group Holdings Ltd.,
a division of Sitak Group
All rights reserved.

國家圖書館出版品預行編目資料

女.性須知 / 提娜.拉吉舍維琪(Tina Radziszewicz)
著 ; 羅倫佐譯. —— 初版. ——
臺北市 ： 高寶國際出版 ： 希代發行，2006[民95]
　面 ；　公分. —— (新視野 ; NW030)
譯自 ： The bliss love guru's guide to ex
ISBN 986-7088-14-X(平裝)

1. 性知識

429.1　　　　　　　　　　　　　95000832

享受性愛之前，
請用心閱讀這本書

| 目錄

前言　　　　　　　　　　　　　　　　　　　07

第一單元 ──────────────────────────

妳與妳的身體

第一章：進入青春期　　　　　　　　10
長大的過程・妳的身體・他的身體

第二章：月經來了　　　　　　　　　28
妳的內部生殖系統・妳的生理期

第三章：身體語言　　　　　　　　　42
身體意象・飲食失調・惱人的胸部・心理測驗・對於身體
的正面思維

第四章：關於身體的問答題　　　　　63

第二單元 ──────────────────────────

妳與妳的情緒

第五章：約會遊戲　　　　　　　　　74
吸引力・開始約會・交男朋友

第六章：性幻想　　　　　　　　　　92
自慰・同性戀

第七章：面對性的態度　　　　　　　102
社會價值觀・確立妳的價值觀

第八章：關於情緒的問答題　　109

妳與性

第九章：妳準備好要享受性了嗎　　118
妳的第一次．正確的時間和正確的人．妳真的想要嗎

第十章：避孕知多少　　125
什麼叫做避孕．自然避孕法．其他避孕法．緊急避孕法

第十一章：性病與妳的健康　　151
處女也可能感染性病．一般的性病症狀．感染性病該怎麼辦．認識性病．妳的健康

第十二章：男生與性　　172
男女大不同．雙重標準．男生的苦惱．男生勾引女生上床的十種技巧．約會中的男女

第十三章：大家來談性　　183
如何和爸媽討論性．如何和朋友討論性．如何和男朋友討論性．如何和醫生及專業人員討論性

第十四章：性知識大考驗　　197

第十五章：性愛實戰指南　　201
進入之前．愛愛之後．我們的關係會改變嗎．第一次之後一定要

有第二次嗎・高潮究竟是什麼・錯誤的觀念

第十六章：當妳想對性說「不」　　　209
性騷擾・暴露狂・性虐待・性攻擊・自我保護

第十七章：懷孕了怎麼辦　　　224
真的懷孕了嗎・如何當一個小媽媽・交託領養・選擇墮胎

第十八章：關於性的問答題　　　233

前　言

　　在擔任性諮詢師的工作生涯期間，我曾經接到數千封來信，這使我深刻地體會到：對於許多青少年朋友而言，想要搜尋和「性」或「兩性關係」相關的資訊並獲得解答是多麼困難的事。所以當我開始執筆寫這本書的時候，覺得非常開心，因為我可以藉由這本書，來回答所有令人困惑的兩性問題。人們對於「性」有著各種千奇百怪的迷思和疑問，有些問題聽起來有點愚蠢，有些錯誤的觀念甚至會造成傷害，為了避免這樣的狀況發生，本書會提供大家最正確的性須知。

　　妳可以先快速地翻閱一次，然後挑選有興趣的章節進行閱讀；本書的內容經過縝密的規畫，條理分明地列出人們可能會遭遇到的兩性問題，裡頭的建議會讓妳覺得受用無窮，不再對性如此地惶惶無措。每個章節都會針對不同層面的性問題進行抽絲剝繭的深度討論，從認識自己的身體開始，一直到兩性之間的親密接觸，這本書將帶給妳很大的幫助。

　　不論現在的妳處於生命中的哪一個階段，不論妳心中有什麼困惑，本書都有明確的闡述介紹。妳可以從這本書獲得關於避孕及預防性病等等問題的常識，也可以知道如何處理兩性之間的情緒管理問題（例如：等待第一次性經驗之前的各種壓力源）。如果妳想深入了解「性」這個人生課題，本書將是妳的最佳指南。

第一單元

妳與妳的身體

第 章

進入青春期

　　歡迎來到本書的第一章！即使妳已經度過了青春期歲月，我想妳還是必須好好地看一下這本書，重新了解妳身體的基礎構造，這本書可以幫助妳再次學到以前妳所不知道的事情。第一章的內容包括：

♥ 長大的過程

♥ 妳的身體：外型、生殖器官、高潮

♥ 他的身體：外型、生殖器官、高潮

長大的過程

就在我開始寫這本書之前，我接到一封讀者寫給我的信：

我今年十五歲，在我們班上，我是唯一一個胸部還沒有發育的女生。我暗戀一個男生兩年了，可是當我鼓起勇氣寫信給他的時候，他卻從來沒有回信給我。我的姐妹淘說可能是因為我的臉上長滿了雀斑，而且身材又高人一等，這種種的原因導致那個男生對我卻步。到現在我還沒有跟任何男生接吻過，我好害怕我這一輩子都交不到男朋友。我覺得好沮喪，請您幫幫我吧！

十五歲的貝琪敬上

貝琪的這封信讓我想到自己過去那段十來歲的青春期歲月，不過我的困擾正好跟她相反，我所遭遇的是「胸大無腦」的海咪咪問題，我胸前那兩顆大肉彈讓我成為眾矢之的！天啊！34B耶！當時我才十一歲而已！面對別人的議論紛紛和無禮的竊竊私語，我只好每天都彎腰駝背來掩飾自己的胸前大物。一直到我十六歲那年，另外一個困擾我的問題又出現了！當時我看到許多廣告上的直髮美女，心想為何造物主會讓我長出一頭又濃又密的捲髮呢？如果能夠擁有一頭飄逸的長髮，我就可以變成猶抱琵琶半遮面的楚楚可憐大美女了！

這些就是青春期的女生常常遇到的問題，身體上的任何特徵和變化都會造成許多不必要的煩惱。孩提時的小女孩只擔心

自己收集的芭比娃娃款式不夠多，青春期之前則開始擔心第一次月經何時來潮，到了青春期，便恨不得將家裡的四面牆壁全部貼滿鏡子，好讓自己隨時能夠顧影自憐、打理儀容門面，期待心目中的白馬王子看自己一眼。

身體和心智上的轉變太快了，快到讓妳覺得好像什麼事都不太對勁。不是覺得自己太高，就是覺得自己太矮；不是嫌自己的咪咪太小，就是害怕自己變成一個可怕的波霸。為了證明自己存在的價值，妳大概也曾為了上述這些事情，跟妳的媽媽或是那些對妳指指點點的朋友們大吵一架。妳覺得這個世界對妳真是不公平，為什麼妳的好姐妹可以得到全校最帥的白馬王子的青睞，可是妳在他眼中卻始終像個隱形人！

青春期是生理變化最快速的階段，這時候的妳已經開始「轉大人」了，以自然界的母性生殖理論來說，妳的身體之所以產生變化，目的是讓它做好當媽媽的準備！同樣地，青春期的男生身體也會有所改變，以符合當爸爸的所有生理條件。

大部分的女生大約十歲開始進入青春期，到了十七歲，身高和其他的生理特徵都會變得比較接近成人。在這段如同暴風雨來臨的期間，妳會強烈覺得每件事情似乎都在一瞬間突然改變了，一切都不對勁、看不順眼；妳會開始對男生產生一種奇怪的感受；身體快速的變化讓妳無所適從。不過，儘管有些人會度過一段情緒非常不穩定的時期，但還是有許多人十分享受這段獨一無二的成長過程。畢竟，人生的路上充滿了無數美好事物，每一個不同的新體驗都令人興奮：第一次約會、初吻、第一次性經驗。慢慢地，妳要開始學習如何不依靠父母而能夠獨立，自己去上學不用父母親接送，妳會交到越來越多的朋

友，並且開始規畫自己美好的未來。

上述貝琪所面臨的尷尬問題，一定有許多人都會遇到。世界上的所有人事物都變得跟南極一樣冰冰冷冷，妳的心中有許多解不開的問題，隨時都覺得困惑。請記得這句名言：知識就是力量！想要徹底解開妳在青春期階段的疑惑，了解自己的身體是重要的第一步，只要妳明白這一切的變化到底是怎麼一回事，妳便可以按部就班讓成長變成一件很愉悅的事，並且耐心地等待長大！

妳的身體

青春期階段妳的體內某些化學物質會增加，這些化學物質叫做荷爾蒙，荷爾蒙的作用對於妳的身體和心理都有極大的影響。女生在十歲左右會開始分泌女性荷爾蒙雌激素和黃體激素，不過這個階段的早晚因人而異，有些人的青春期來得比較早，有些人則是比較晚一點。

妳的身體會產生什麼變化呢？首先，妳會發現自己某些部位開始長出體毛，原本平坦的胸部也開始發育，這些都是青春期即將來臨的特徵。接著，妳會在十一歲到十四歲之間面對第一次的月經來潮，同時妳的生殖器官也會漸漸發育成熟。男生們會發現自己的聲音變得越來越低沉，會看到自己的喉頭出現一個硬硬的喉結。不過這些改變都是慢慢進行的，一時之間很難察覺。

並不是每個人都會在相同的年紀經歷這些身體的變化，不論妳的發育比別人快或慢，千萬不要大驚小怪，因為每個身體

都有它獨特的發育時間表。

外型

　　青春期的時候，妳的身高會像火箭一樣快速往上竄升，長得快的人，甚至會比同年級的男生還高。一般說來，女生通常比男生早幾年發育，但是之後男生們會努力趕上，最後平均身高會高於女生。

　　不只是身材抽高，臉型也會有許多變化，下巴和鼻子的曲線變得有稜有角，雙眼之間的距離變寬，髮際也會變得更濃密。青春期大約七年，這期間體重會增加一倍，發育完全之後，妳就幾乎變成一個不折不扣的大人了。妳的胸部會變大、腰身變細，臀部的線條則變得玲瓏有致。

　　許多女生難以適應這個慢慢轉變成女人的階段，尤其是在這個崇尚「瘦即是美」的骨感美女時代，青少女怎麼能夠忍受自己變得越來越臃腫呢？畢竟青春期的女生最重視的就是自己的外表。關於這個部分，我會在第三章好好地解釋一番。

胸部

　　胸部發育的第一步是乳頭變得突出明顯，這時候乳房的部分可能還是平坦如昔。有時妳會感覺乳頭十分刺痛，不用擔心，這是發育時期的正常現象。乳房組織是由脂肪構成的，構造十分精密的乳腺則負責在妳懷孕生下寶寶後分泌乳汁。每個女生乳腺的數量都一樣，脂肪是決定胸部大小的關鍵，有些女孩的胸部比較大，就是因為她們的乳房脂肪較多。想要更了解胸部發育的奧祕請看第三章，我會有詳細的說明。

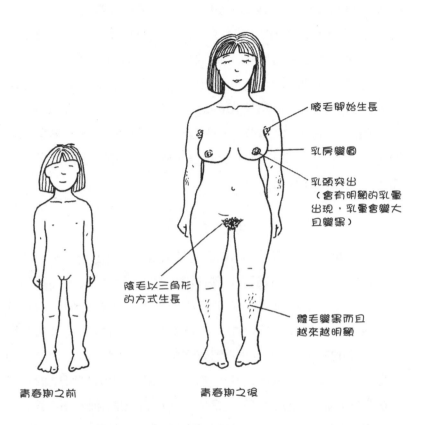

腋毛開始生長

乳房變圓

乳頭突出
（會有明顯的乳暈
出現，乳暈會變大
且變黑）

陰毛以三角形
的方式生長

體毛變黑而且
越來越明顯

青春期之前　　　　　　　青春期之後

體毛

　　腋下和下體會在青春期開始長出體毛，乳頭附近可能也會長出一兩根毛髮，而且手毛腳毛都會變粗，尤其是腳毛。許多女生喜歡用刮的或用除毛蠟以去除腳毛，特別是夏天的時候。腋毛通常是最容易剃除的。有人認為常常除毛的話反而會讓毛髮長得更快，但事實並非如此。

　　有些女生下體的體毛顏色比較深，有些女生比較淡；有

些人的陰毛會往下延伸到大腿內側，或是往上蔓延到肚子的地方。大部分的女生穿比基尼的時候會將露出泳裝外的陰毛刮掉，但我並不建議這麼做，特別是陰毛特別濃密捲曲的人；因為當這些被刮掉的陰毛重新長出來時，會特別覺得搔癢，甚至紅腫。如果妳一定得這麼做的話，我建議可以請美容專業人士用特製的除毛蠟幫妳處理，或是自己去藥房買一些專業除毛蠟。對於比基尼泳裝愛好者而言，除毛蠟和除毛乳液是最棒的，而且效果比較持久。

皮膚和頭髮

青春期時體內男性荷爾蒙的睪丸素會促使皮脂腺分泌旺盛，結果就是臉上開始冒出青春痘，幾乎所有男女生都難以倖免（男生比女生更嚴重）。最好不要動手去擠青春痘，這樣會留下疤痕；如果真的很嚴重，建議妳最好去看醫生，請醫生開一些有效的處方給妳。如果想要到藥房自行購買藥物的話，有一種藥品的名稱叫做過氧化二苯，這類過氧化藥劑可以緩和臉上粉刺的症狀，不過有些人擦完之後會有皮膚過乾的後遺症。

根據研究，長青春痘主要是由於男性荷爾蒙作祟，與食物的關聯性極低，即使妳吃了太多巧克力也不會使症狀惡化。不過，為了妳的健康，最好還是在每日的飲食中至少攝取五種蔬果。

妳的頭髮也可能會變得油膩膩，如果常常梳頭的話，就會更加刺激髮腺，使油脂分泌更旺盛。洗頭時要用成分較為溫和的洗髮精，另外要特別注意潤絲精的使用，因為潤絲精有可能會讓妳的頭髮看起來就像妳睡在一灘油裡。

汗腺

在青春期腋下的汗腺排汗逐漸變得旺盛，妳開始需要一些特殊用品來止汗。人類會流汗是因為體內必須藉由皮膚散熱。新鮮的汗水其實沒有臭味，但是汗水滲出一段時間之後便會滋生細菌，這時候妳的身體就不知不覺發出臭味了。所以最好是每天洗澡，適當使用除臭劑和止汗劑也可以減少身上異味的產生。腋下的殘留汗水是異味的來源，至於要不要將腋毛刮掉，則由妳自己決定囉。

生殖器官的汗腺這時候也十分發達，有些人會分泌大量的汗水；如果妳覺得受不了，千萬不要自行到超級市場買爽身粉亂塗亂撒一通，因為這些爽身粉會刺激生殖器官的敏感肌膚。最好的辦法是每天勤洗澡（夏天的時候多洗幾次也無妨），最好使用無香精的肥皂，並且每天都要更換乾淨的內衣褲。

生殖器官

女性生殖器官的正確名稱是「女陰（vulva）」。

這個部位的在青春期的變化也相當大。如果妳從來沒有仔細觀察過它，趕快找一面鏡子來好好瞧一瞧吧！也許妳會覺得拿鏡子來照女陰是一種很怪異又變態的行為，但那是妳自己的身體耶！妳應該要了解它。這也可以幫助妳日後塞衛生棉條的時候更順利。

下一頁那張圖會幫助妳更加了解，但它可能和妳的女陰不太一樣，畢竟就如同長相，每個人的身體也都是獨一無二的。

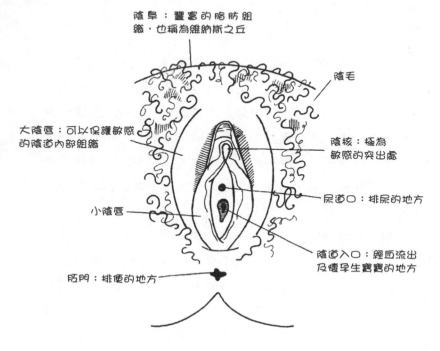

陰阜

　　這個地方也稱為維納斯之丘（這個名稱取得真的是太好了，因為維納斯就是愛神）。陰阜這個地方是一個柔軟的緩衝組織，當妳發育完全之後，這個區域會長滿陰毛。如果妳的性生活很活躍，並且經常採取男上女下的姿勢，陰阜可以保護恥骨交接處的脆弱部位，避免妳的生殖器官被妳的性伴侶撞傷。

大陰唇

　　它可以保護陰道內部組織，並維持陰道的濕度。在青春期的時候，雙唇會變得更厚，顏色也會變得更深，同時也會被陰毛所覆蓋。

小陰唇

小陰唇向前連接到陰核。每個人的小陰唇形狀都不太一樣，有些女孩子的小陰唇會被大陰唇包覆在裡面；有些人的小陰唇則較長，一直垂到大陰唇外。另外，一長一短也是正常的。小陰唇長年保持濕潤，上面沒有陰毛覆蓋。如果妳的皮膚本來就很黑，那麼妳的小陰唇顏色也會跟著比較黑；一般說來，小陰唇顏色的深淺從粉紅色到深棕色都有。

陰核

人們經常認為陰道的刺激是女性達到高潮的主要關鍵，但越來越多女性朋友發現，陰核部位的刺激才是讓她們達到高潮的最重要因素。女性的陰核就如同男性的陰莖一樣，上面布滿了許多神經，對於碰觸很敏感。陰核也會充血並在高潮時變硬。不過，陰核當然沒有男孩子的陰莖尺寸那麼大。

尿道口

陰核的後方就是尿道口，是排尿的器官，尿道向上連接到膀胱。這個部位和陰道完全無關，如果陰莖想要由此進入的話，可能略嫌太小了一點，所以不必擔心。

陰道

陰道不僅僅是一個中空的洞口而已，它兩側的內部組織是相當富有彈性的肌肉壁，使得這個狹小的開口足以容納陰莖或是衛生棉條的進入，並且還可以讓寶寶從這裡生出來喔！陰道內部會分泌白色液體以保持濕潤，黏液裡含有許多益菌，可以

使陰道保持乾淨。在青春期之前，陰道的長度比較短，陰道壁也比較薄，所以如果過早開始有性生活的話，可能會對未發育完全的陰道產生傷害。

陰道兩側的肌肉壁就像是氣球皮一樣，受到刺激興奮時會開始充血，陰道的長度會延伸，以便陰莖進入。分泌物主要也是來自這兩側肉壁，讓陰莖在抽送的時候能夠產生潤滑作用。

陰道向上延伸到子宮頸口，子宮頸口的構造就如同鼻翼尖端皺褶骨質組織一樣，再往上則是子宮。細微的皺褶骨質組織像是一根小稻草，陰莖或是衛生棉條很難從這個小頸口進入子宮。子宮頸也會分泌黏液，在月經來潮時流出體外；如果妳服用避孕藥的話，黏液會變得比較濃稠。

G點

這個部位是由一位德國婦科醫生（Dr. Ernst Grafenberg）發現並將之取名為「G點」的。一些性學研究者堅信每個女人的陰道都有所謂的G點構造，但即使是最權威的婦產科醫師也無法正確找出G點的位置。部分女孩子認為，她們只有在享受到性高潮的時候，才能夠感覺到G點的存在。G點組織是一個如豆子般大小的突出物，位於陰道內部的上方肉壁。對於某些人來說，溫柔地持續碰觸G點可以讓她們達到高潮。

處女膜

大部分（但不是全部）的女孩出生時陰道開口處都有一片小小的薄膜組織，稱為處女膜。有些人的處女膜會將整個陰道開口覆蓋住，但是這種情況是少數；通常處女膜會有一個小小

的開口，讓經血能夠從這個小洞流出來。處女膜很薄，很容易因為騎腳踏車或是騎馬而破裂。如果處女膜在發生性行為之前是完好的，那麼在第一次性行為的過程中就會流出一點血，這是正常的，不需要緊張。

要記住一個很重要的觀念：「處女」的判斷與處女膜無關，而是在於妳是否發生了第一次的性行為。

妳的高潮

性行為引發的興奮感達到最頂峰的時候便是所謂的高潮，達到高潮之前，妳的身體會經歷數個不同階段的變化。

身體開始亢奮時，陰道壁兩側會分泌黏液來幫助潤滑。有些女孩會發現陰道變得極度濕潤，當然也可能有些人沒什麼特別的感覺。慢慢地隨著興奮程度增加，陰道變得更加緊實，乳房也會腫脹，乳頭會變硬突出，胸部變得很敏感。子宮會向上提，以增加陰道的長度，讓勃起的陰莖可以輕鬆地進出抽送。有些女孩身上的皮膚會起紅疹，呼吸變成短促的喘息，雙腿、雙手、陰道和腹部會感覺到一股壓力襲來，這是因為全身血液循環加速的緣故。如果妳還不習慣這種感覺，一開始或許會感到害怕；但漸漸地妳將學會如何放鬆，並且樂在其中。

下一個階段就是高潮。有些女生會停留在前一個階段，因為也許還未學習到如何進入高潮，也或許是因為想要好好享受這個過程。對於絕大多數的女生來說，高潮來自於陰核受到刺激。

高潮是陰道壁、子宮和肛門具節奏性的收縮過程，此時全身上下充滿了溫暖的興奮感。達到高潮時常會用「我快來

了！」來表示，至於男生說這句話則表示他們快要射精了。大多數女生在高潮時並不會射出液體，但仍有部分人會大量「射精」。性學專家們認為這些液體來自於尿道，但這些液體並不是尿液，它們是由膀胱腺體所製造的體液；如果刺激到G點的話也會射出體液。我們將這種現象稱之為女性射精。

高潮過後，全身放鬆的妳會很疲倦，適度的休息能夠讓身體回復；如果持續感到疲倦，就需要較長的休息時間。

想要了解更多關於高潮的細節，請翻到本書第六章和第十五章。

他的身體

男生在青春期的時候身體也會產生極大的變化。男孩子的青春期通常比女孩子晚，平均大約在十二歲到十三歲之間，當然也有人比較早或比較晚。男孩們第一個發育的部位是睪丸，陰莖會變長變粗，體毛開始生長。

外型

荷爾蒙中的睪丸素是促使青春期男孩發育的最重要因素（女生在青春期的時候體內也會分泌睪丸素）。這段期間男生的身高會像火箭一樣快速地往上竄升，體重增加一倍以上，肩膀變得寬闊，肌肉變大變硬，很快地就會擁有一副成人的體型。面部五官也會改變，額頭會變高，鼻子和下巴更突出。

皮膚和頭髮

青春期的男孩們，皮膚和頭髮都會分泌旺盛的油脂，臉上容易長滿青春痘。腿毛和手毛會變濃變黑變多，有時甚至腹部和胸部也會長出體毛。體毛的生長通常具有遺傳性，多毛的爸爸也會生出多毛的兒子。大約十三歲到十四歲時臉上會長出鬍子，很多鬍子長得比較慢的男孩子還會擔心自己是不是長不出鬍子來呢。

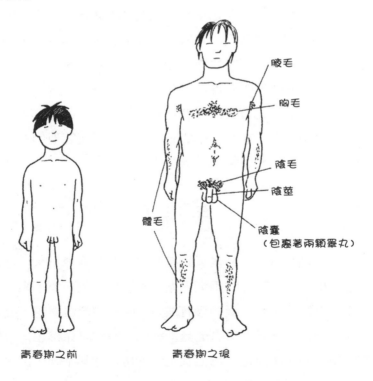

腋毛

胸毛

陰毛

陰莖

體毛

陰囊
（包裹著兩顆睪丸）

青春期之前　　　　青春期之後

汗腺

男生在青春期的時候汗腺也會特別發達，所以要每天洗澡，並使用止汗劑或除臭劑。幾乎所有的男孩都會被體臭的問題困擾，尤其是腳上所穿的尼龍襪和身上的運動衣服散發出來的味道。

聲音

男生大約十四歲開始變聲，因為聲帶組織變厚了，所以聲音才會變得越來越低沉。有些人的聲帶發育過程較慢，幾乎感覺不到自己的聲音正在轉變；也有一些人在一瞬間發現自己的童音突然變成嘎嘎叫的青蛙聲呢！

這時候喉結也會變大。有些長得比較瘦小的男孩，他們的喉結就像是一顆卡在水管中的石塊一樣，不過等他們長大之後看起來就不會那麼好笑了。

生殖器官

睪丸

男孩們在發育的時候或許都聽過「蛋蛋會掉下來」這樣的形容，事實上，男生的兩顆睪丸會慢慢地從體內掉下來，最後到達陰囊裡。隨著陰囊的發育成熟，陰莖會變長變粗，陰莖和陰囊的顏色也會變深，有的是淡紅色，有的是深棕色，視個人皮膚顏色的深淺而定。每個女生的乳房尺寸都不同，男生的睪丸大小也是因人而異的。

陰莖

陰莖發育大約一年左右，男孩們會發現自己已經能夠射精了，也就是有白色的液體從陰莖射出。一開始這些精液裡不會有精子，是青春期的第一階段。

跟女孩的陰核一樣，陰莖上方的龜頭部位十分敏感。陰莖是一種桿狀的海綿體組織，當男孩們開始覺得興奮的時候，陰莖便會充血勃起。男生排尿和射精都經由尿道口，尿道口連接到陰莖底部。射精時，膀胱附近的肌肉會暫時將輸尿管關閉起來，所以不會同時排出尿液。

青春期的男女生們開始分泌荷爾蒙，一天二十四小時腦子裡可能都會想到關於「性」這檔事，而且男孩們幾乎是隨時隨地都有可能產生勃起的狀態，無法控制自己的任意勃起衝動。男生的陰莖變硬時，經常會往左或往右傾斜（聽起來有點像是交通警察的指揮手勢），而且大部分的陰莖都有點彎曲。

許多男生都會擔心自己的陰莖尺寸太小，事實上，陰莖勃起後的長度介於十三公分至十四公分之間都是正常的。

包皮

陰莖外部覆有一層包皮，猶太教徒和伊斯蘭教徒會在男嬰出生之後舉行割禮儀式將包皮割掉（部分伊斯蘭教徒會等小孩子長大一點之後再進行割禮手術）。除了宗教因素，割除包皮可以讓龜頭保持乾淨衛生。

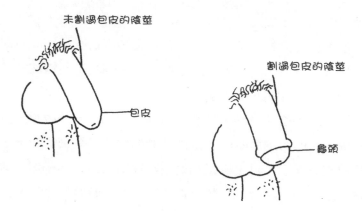

未割過包皮的陰莖

包皮

割過包皮的陰莖

龜頭

精子

　　青春期發育後，男生的睪丸開始製造精子，並將精子儲存在附睪精囊組織中，兩個附睪精囊組織分別都有一條輸精管與睪丸連接在一起。當男生因興奮而勃起，精子就會從睪丸精囊慢慢游移到陰莖下方，和前列腺的體液混合在一起，變成所謂的精液，隨著射精動作排出體外。

　　每一次的射精量大約是一茶匙容積，包含三億個精子，但其中只有一個精子能夠使女性懷孕。

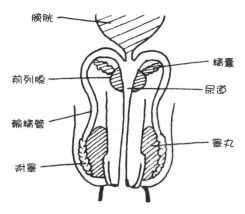

膀胱

前列腺

輸精管

附睪

精囊

尿道

睪丸

春夢

每個人每天晚上都會作很多夢，男生在青春期的時候特別會作一些讓他們勃起的春夢，然後會夢遺，這是很正常的。他們在十幾歲到二十幾歲之間都會夢遺，甚至在青春期之後也會持續這樣的情形。

有些男生在作春夢的時候會有反應，有些男生不會；有些人會從春夢中驚醒過來，有些人則會一覺到天亮，直到早上發現床單一片濕濡才知道發生了什麼事。至於女生們在作春夢的時候，同樣也會產生高潮。

他的高潮

男生性興奮時，勃起的陰莖海綿體會充血，他的身體在經歷高潮時也會有不同階段的表現，這些表現跟女孩們也很類似，而男生高潮的最後結果便是射精。

快要高潮的時候，男孩的睪丸位置會向上提升一些，同時也會心跳加快、氣喘吁吁，手腳的部位感到十分緊繃，甚至連乳頭都會變得十分堅挺，胸部出現性興奮的紅斑點。未射精前，前列腺會分泌一些白色的液體先行從尿道口排出，但是千萬不要以為這些液體裡沒有精子，這些前列腺液中其實含有數以千計的精子。射精的瞬間，陰莖、肛門會產生有節奏性的收縮抽搐，生殖器官附近的所有肌肉會一起促成射精，這時候所射出的精液包含了億萬個精子，然後就達到高潮了。

如果一直保持興奮的狀態卻遲遲不射精，睪丸的部位很可能感覺到疼痛（有些人會發現睪丸變成藍色），不過疼痛的情形很快就會過去，不會對身體造成任何傷害。

第 2 章

月經來了

　　月經是每個女人都會經歷的正常自然生理過程，本章節介紹月經來潮的現象，並且教導大家如何面對處理，內容包括：

　　♥ 妳的內部生殖系統

　　♥ 排卵

　　♥ 初經；如何處理經痛；如果月經沒來怎麼辦？

　　♥ 衛生棉條還是衛生棉？

妳的內部生殖系統

我們之前已經提到了青春期的時候外觀會有極大的轉變，但是其實妳的身體內部也產生了很大的變化，只是妳自己可能感覺不到罷了！

子宮內膜每個月會形成一次，以便供給受精卵養分。假如卵子沒有受精，子宮內膜就會脫落形成經血。這就是月經來潮的緣由。

內部生殖器官包括了子宮和子宮頸、輸卵管、卵巢和陰道。下面的圖說應該可以幫助妳更加了解。

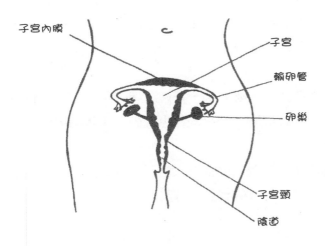

子宮內膜　　　　　　　　　　子宮
　　　　　　　　　　　　　　輸卵管
　　　　　　　　　　　　　　卵巢
　　　　　　　　　　　　　　子宮頸
　　　　　　　　　　　　　　陰道

子宮和子宮頸

子宮是一個中空的梨形生殖器官，大小跟一個拳頭差不多，子宮的肌肉組織可以撐大到容納一個小寶寶在裡頭。子宮的位置跟膀胱十分接近，尤其是子宮頸的地方，子宮頸的開口則是通到陰道。

輸卵管

子宮下方兩側連接了兩條輸卵管，管子的寬度很小，大概只有一根針大小而已，長度大概是四英吋，管子末端是鬚狀突出，連接到兩個卵巢。

卵巢

每個女生都有兩個如同杏仁大小的卵巢，兩邊的輸卵管連接子宮，主要的功能有：

◆製造卵子。

◆製造女性荷爾蒙、雌激素、黃體激素，幫助妳的青春期發育以及控制月經周期。卵巢同樣也會製造少量的男性荷爾蒙和睪丸素。

當妳出生時體內就已經有大約四十萬個卵子，不過一生之中大約只有排出三百個到五百個而已。

排卵

每個月大約有三十個卵子會成熟，但只有一個會從卵巢排出。排卵期大約是在月經第一天來臨之後的第十四天，有些女

孩在這段期間會感覺到肚子或背部隱隱抽動,甚至會有一點點的血從陰道滲出來。

陰道內部的黏膜分泌物通常都是非常地黏稠旺盛,就跟壁紙的塗液一樣。在排卵的五天或六天前,是陰道內部最溼潤的時候;而在排卵期的那幾天之中,陰道分泌物的黏稠度到達最旺盛、最有彈性的階段,就像蛋白一樣。這些黏稠的膜液可以幫助進入體內的精子和卵子結合,保護精子在這段女性生殖器官的旅程中不受干擾。

從卵巢排出的卵子大小就跟松果球一樣,輸卵管兩邊的鬚狀突出可以將卵子掃向輸卵管的入口,這個卵子就可能在輸卵管內遇到精子而成為受精卵,並在子宮內部著床。除非受到干擾,否則受精卵會在子宮內開始成長,一般而言,受精卵需要九天的時間,才能夠在子宮內部穩定生長。

每個月的排卵期都會讓子宮內膜開始增厚,這是女性準備孕育小寶寶的生理特徵,如果卵子沒有與精子結合,就會隨著經血排出體外。所有的女孩子在每個月都會經歷過這段過程。

妳的生理期

雖然我們常認為月經是一個月來一次,但事實上是二十天到四十天之間,不過平均則是二十八天。月經的生理期時間約二天到八天,平均則是五天。生理期所流出的體液包括經血、子宮頸黏液以及陰道分泌物。一般來說,女孩子在生理期會流失四到六大湯匙的血液。月經的周期從流血的這一天算起,一直到下一次月經來潮那一天為止。

　　許多女孩子會發現在生理期的時候，柔軟的胸部會腫大且疼痛，甚至連肚子的部位都會脹痛，那是體內有血液要排出之前的正常現象，月經結束後便會恢復。

初潮

　　月經第一次來，稱為初潮。這個時間和家族遺傳有關，所以妳的初潮時間可能跟妳的母親差不多。有人認為如果月經來得早的話，通常月經完全停止的年齡也會比較晚，但是根據許多研究證明，事實並非如此。

　　初次月經來臨前的特徵，約在六個月之前會有白色的液體自陰道流出，這代表妳體內的荷爾蒙開始運作了。

　　初潮所排出的體液通常看起來較偏棕色，大約需要經過十八個月，月經所流出的血液顏色才會變正常，因為那時候妳的體內荷爾蒙也達到平衡的狀態。

生理期的問題

經痛

　　過去有許多醫生認為經痛並不存在，是女性在生理期的心理作用所致。不過現在已經證實，有十分之六的女孩子會在生理期感到身體不適，有時症狀甚至嚴重到無法進行日常的工作。經痛是因為體內的荷爾蒙刺激子宮收縮，妳的下腹部和大腿骨的上方會感覺到抽痛，尤其是伴隨著大量經血流出的時候更是痛苦難耐。

　　有些女生在第一次月經來潮的時候就會感受到這種痛苦，在第六個月到第十二個月之後更是難受，青春期的前幾年

是所有女生最難熬的階段，因為體內荷爾蒙的大量分泌，使得妳的身體仍然處於調適的階段。

以下提供一些方法可以讓妳克服經痛：

◆ 拿一個圓筒狀的熱水瓶放在胃部下方，特別是疼痛的地方

◆ 花點時間好好地洗個熱水澡

◆ 按摩自己的胃部和背部

◆ 即使妳不想動，但還是要試著做一些和緩的運動，舒緩妳身體的肌肉緊張，幫助全身的血液回流到骨盆

◆ 每天多吃一點深綠色蔬果及堅果類食物，這些食物中含有豐富的鎂和鈣，專家認為這兩種物質可以緩和子宮的肌肉緊張。

◆ 妳可以到藥房買一些止痛劑緩和經痛，不過除了一般人所吃的止痛劑之外，應該請醫生針對妳個人的症狀開給妳特別的處方

◆ 如果真的痛得受不了，趕快去看醫生吧！醫生可以開給妳一些有用的處方。避孕藥有時候可以降低經痛的程度，即使妳並不是為了避孕，醫生偶爾也會建議妳試試看這個方法

經血流量

如果妳發現某次月經的流量比過去多了很多，使用的衛生棉墊、衛生棉條比過去多，或者是這次的生理期比過去都來得更長，原因通常是妳的生活壓力過大，或是因為妳的情緒不穩定，也可能是妳的身體出了毛病。

生活習慣突然改變常會影響生理周期，比如說轉學、考試失敗的打擊等等。不論如何，建議妳看一下婦產科醫生，檢查

子宮內部的情況，看看荷爾蒙是否分泌異常。失血過多可能導致貧血，貧血的時候通常都會覺得特別累、慵懶無力、頭痛、呼吸困難、膚色蒼白，這個時候妳便需要醫生的特別治療，尤其是鐵劑的補充。

常常服用避孕藥的女生，一般來說經血量都會特別少。

經前症候群（PMS）

月經前的一些不適症狀通常也是因為體內荷爾蒙分泌不協調的關係，壓力則是最主要的元兇，這會伴隨著許多的症狀產生，其中之一就是情緒變得非常易怒。

研究者找出了約一百種的各式症狀，下面幾項則是屬於比較普遍的種類：

◆ 容易發生一些超乎常理的行為反應
◆ 脾氣暴躁
◆ 易怒及情緒不穩
◆ 很容易流淚哭泣
◆ 睡眠障礙
◆ 胃部脹氣
◆ 頭痛
◆ 長青春痘
◆ 沮喪
◆ 頭暈
◆ 嗜吃甜食
◆ 想吐

◆ 覺得疲倦

　　大概有百分之九十的女生都有上述的狀況，尤其是經痛的問題，如果妳完全沒有這些困擾，那麼妳真的非常幸運呢！要是妳每個月的生理期都會固定面臨到上述的這些症狀，而且連續三個月都沒有任何改善，那麼妳就符合經前症候群了！通常妳在月經前幾天就已經知道自己將會有什麼樣的症狀，經血來臨的那一天開始，妳的這些症狀便會減緩。

以下是減輕經前症候群的方法：

◆ 避免喝咖啡等含有咖啡因的刺激性飲料，汽水和巧克力也要盡量避免。

◆ 盡量少碰乳製品、紅肉，不要食用過多的鹽和糖，多吃水果和蔬菜。

◆ 每天多吃一點綜合維他命（不要服用太便宜的劣質維他命），要多補充維生素B、鈣、鎂，這些都可以在健康食品店或是藥房買到。

◆ 每個星期至少運動三次，每次運動時間至少二十分鐘（健走步行也不錯）。

◆ 如果妳的情緒非常不穩定，有時候一個人獨處也不錯，可以避免將壞脾氣發洩在別人身上。

◆ 如果妳真的受不了這些症狀的話，請妳一定要去看醫生，請醫生開給妳一些抗憂鬱的處方或是平衡體內荷爾蒙的藥物，應該可以減輕妳的情緒不穩以及易怒問題。不過請特別注意，服用這些藥物之後，有些女生的狀況反而會更嚴重。

月經沒來（沒有性的接觸）

　　所謂的性接觸，不單是指男性生殖器官進入女性陰道內部，如果男性所分泌的精液曾經接觸到女性的陰道，就算是性的接觸了。

　　女孩一旦月經開始來潮，大約需要十八個月的時間讓每個月的月經周期固定下來，如果妳在這段時間沒有和男孩發生任何性行為的話，第二次月經可能會間隔兩個月到六個月之久，這是很正常的事情。

月經沒來的其他原因還包括下列幾種：

◆ 節食減肥：失去太多的體脂肪可能會讓妳的月經停止。

◆ 過量的體育訓練：因為身體突然失去太多體脂肪。

◆ 壓力或者是其他情緒上的因素，例如擔心考試或者是哀悼親人死亡。

◆ 生活作息改變：長途旅行或者是換學校。

不論如何，建議大家最好還是去找醫生或者是學校護士談談。

月經沒來（有性的接觸）

如果妳曾經有過性行為或是性接觸，剛好月經又沒有來的話，妳可能懷孕了。即使妳曾試著避孕，但也許避孕的效果並沒有達成，如果妳想要多了解一下避孕的正確知識，請看第十章。如果妳想要了解真的懷孕之後該怎麼做的話，請看第十二章。

如果妳擔心是否懷孕，就要趕快採取行動，例如拿驗孕劑測試一下，盡早確定自己是否真的懷孕，妳便可以有更多的選擇來決定接下來該怎麼做。

使用衛生棉墊還是衛生棉條

市面上有各種琳瑯滿目的生理期產品供妳選擇，不過基本上可以分為兩大類：衛生棉條和衛生棉墊。

衛生棉墊

如果妳親自到藥房或者是超級市場走一趟，就會發現有一大堆各式各樣的衛生棉相關產品。所有的衛生棉墊都有一個共

同的特徵，棉墊中間有一個黏貼的地方可以撕下來，可以將棉墊緊密平鋪在底褲中間。我建議女孩們最好多試試幾種不同的產品，這樣一來才可以知道到底哪一種產品最適合妳。有些衛生棉墊的新型設計體積真的很小，就算是妳穿著短褲也看不出來，這樣的棉墊也很適合月經前後血流量較少的時候使用。

　　一般的棉墊大概可以分為幾種不同的類型：正常型、超級型、夜安型，這些分類的是依血流量的多少而定。夜安型是所有類型中吸收血液能力最佳、時效最長的，如果流量很少的話，例如在月經前後的階段，妳可以使用較輕薄的正常型，正常型的尺寸也很適合妳穿著清涼的服裝。超級型是一般所謂「有翅膀」的，通常可以分為單翼和雙翼，「雙翼」的衛生棉墊非常適合妳的經血流量特別多的時候，這種「有翅膀」的衛生棉墊可以保護妳的底褲不會被血漬弄髒。有些製造商宣稱他們的產品特別輕薄短小，同時可以吸收大量流出的經血，不過，一般來說，晚上睡覺的時候還是適合使用夜安型。

　　通常大約兩個小時到三個小時之間必須更換一次衛生棉墊，否則要是妳的經血流量太大，妳的底褲可能會沾到血跡。記住，如廁的時候千萬不要將衛生棉墊丟進馬桶內，因為一般的下水道系統根本無法將這些衛生棉溶解，到時候便會阻塞在下水道內。

使用衛生棉墊的好處

◆ 衛生棉墊可以在晚上睡覺時帶給妳最佳的保護

◆ 妳不會忘記更換新的衛生棉墊

◆ 不需要用手指碰觸自己的陰道部位，如果妳使用衛生棉條的

話就必須這麼做

使用衛生棉墊的壞處
◆ 略嫌笨重和潮濕
◆ 放在家中的時候，不知道擺在什麼位置才好，因為它的體積太大太明顯
◆ 如果妳穿著太緊的褲子，可能會露出痕跡
◆ 如果沒有更換的話，可能會發出異味
◆ 妳不能去游泳
◆ 進行某些運動時會覺得不舒服，比如說騎腳踏車的時候

在月經快結束之前，內褲貼布可以非常合身地緊密貼著妳的底褲部位，甚至在月經初期血流量很少的時候，也可以使用這種內褲貼布，在這兩個階段中，有時候內褲貼布的使用效果會比衛生棉條更好。如果不是生理期期間，平常的時候妳的陰道分泌物過於旺盛的話，妳也可以使用這種內褲貼布，這種貼布的好處就是讓妳不會感覺到「它」的存在。

衛生棉條
古時候的埃及人會使用浸軟後的草紙來當成棉條使用，近代的純棉質棉條發明則是在一九三〇年。衛生棉條的外型跟衛生棉墊一樣也是長條狀，基本上可以分成兩種類型：第一種可以幫助初學者將棉條塞進陰道內，第二種則是適合有經驗的女孩使用。坦帕型是最適合初學者使用的衛生棉條，利蕾型則是有經驗的女孩的最愛。

　　根據尺寸來分，衛生棉條也可以分成迷你型、正常型、超級型、特大號型，不過尺寸大小有時候會因為品牌的不同而有所差異。正確來說，尺寸大小是依照妳的出血量吸收程度而定，而非陰道的尺寸大小。所以年輕的女孩並不表示就該用迷你型衛生棉條，如果妳的出血量很多，建議妳還是使用超大型的衛生棉條。

　　使用衛生棉條之前必須經過多次的練習，如果妳真的想使用衛生棉條的話，請詳細閱讀盒子上的使用說明，相信妳最後一定可以成功的。

使用衛生棉條的好處

◆ 衛生棉條不會讓妳的褲子露出痕跡
◆ 妳不需要擔心會有異味傳出
◆ 如果妳的棉條塞得很好，妳根本不會感覺到它的存在
◆ 妳可以正常地洗澡和游泳

使用衛生棉條的壞處

◆ 除非已經有滲漏的情況，否則妳不知道何時該更換棉條
◆ 如果妳的經血流量不夠大，在潤滑不足的情況下，可能很難將棉條塞進陰道內
◆ 可能會發生經血感染現象

　　經血感染是一種極為罕見的疾病，絕大多數都是因為使用衛生棉條所造成的。陰道內部一些原本無害的細菌在月經來潮的時候細菌會繁殖得特別快，如果沒有注意的話，就會造成髒血中毒的現象。中毒的症狀會來得很突然，包括發高燒、嘔

吐、全身無力、暈眩、腹瀉和皮膚長疹子。如果妳在生理期間因為使用衛生棉條而出現了上述病症，一定要在月經過後立刻去找醫生，並且馬上停止使用衛生棉條。

　　想要降低經血感染的風險，四個小時到八個小時之內就要更換衛生棉條，如果妳在睡覺時也塞著棉條的話，請在床邊放一個乾淨的棉條，以方便妳醒來的時候可以馬上更換。盡量在經血流量少的時候才使用棉條，不要在生理期間全部都使用棉條，必須至少要有一天或一個晚上使用棉墊。月經結束的時候請記得立刻將棉條取出。

第 **3** 章

身體語言

在我們接著探討一些複雜的性問題與兩性交往疑難雜症之前，我們首先來了解一下自己的身體，以及妳如何看待自己的身體。這一章的內容包括：

♥ 妳的外表和體重

♥ 厭食、暴食症

♥ 胸部的組織成分，胸部的尺寸，乳房檢查，乳房保養

♥ 身體語言，如何面對身體所發出的警訊

♥ 自我肯定

身體意象

妳如何看待自己呢？

在現今的社會中身為一個女孩子是一件非常困難的事。如果有一位外星人降落在地球，試著當一名地球女孩的話，她可能每天都必須看電視、翻雜誌來吸收相關的知識，她必須花很多的心血來打理自己乾癟的皮膚，瘦如竹竿的雙腿，平淡的臉蛋，並且努力整理自己的一頭亂髮。

在琳瑯滿目的各種女性雜誌和女性報紙專欄中，出現在版面上的半裸女人總是擺著引人遐思的性感姿勢。女人在現代社會中成為一門最賺錢的生意：在許多廣告中，不論是香水、食物或度假的方法，女人已經成為販賣商品的最好對象。

看到許多模特兒、演員和歌星們拚命餓肚子並整型雕塑自己的臉蛋及身材，連帶使得許多女孩也趨之若鶩地想要成為人工美女。

妳的外表

每個人的體型、臉型、髮型等等都有極大的差異，因此，這些差異組合之後的「妳」一定是與眾不同的。妳可能很高、很矮、不高不矮、大鼻子、小鼻子、豐胸、平胸、薄唇、厚唇、圓臉、直髮、波浪微捲髮、小捲髮……。

每個人在這個世界上都是獨一無二的個體，不過很少有女孩子真正對自己的外表感到滿意，因為媒體上所出現的美麗女孩形象總是太完美。根據一項調查報告指出，十分之九的女孩

子對她們的外貌根本不滿意，這真是不可思議！如果連妳都對自己的外貌感到不滿意，那麼別人也不會喜歡妳，別人也不可能因為妳改造成細腰、豐胸、翹臀之後而喜歡妳。

不管妳的外表看起來如何，最好的方法就是學習接受自己，本章節會幫助妳做到這一點。最重要的是，美麗存在於自己的眼中，雖然這句話有點八股，卻是顛撲不破的真理。這個世界就是因為大家長得都不一樣，所以才會那麼吸引人，如此有魅力。

妳的體重

　　我們在伸展台上所看到的那些身材姣好的模特兒，會讓每個女人自嘆不如，因此有許多原本已經非常瘦的女生覺得自己過胖，於是在「減肥」這塊市場大餅中（包括各種減肥書、健身俱樂部、減肥食物、減肥補充藥品、減肥錄影帶等等），商人每年從中獲取了無數的利潤。但是讓我們換個角度來想想：如果每個人都能夠這麼容易在短時間內甩掉身上的肥肉和體重，那麼為何還會有這麼多人每天努力到健身房去運動呢？為何每隔幾個月在市場上又會掀起另一波的新型態減肥狂熱呢？

　　現在我要跟各位讀者分享一個祕密，而且這是一個減肥業者根本不想跟大家分享的：減肥根本無法持續太久！沒錯！沒錯！這些話妳之前已經聽過了，但是請妳再聽我講得詳細一點。許多最新的研究顯示，很多人的確在減肥初期會降低體重，不過大部分的人會在一年之內回復原來的體重。這是人類的正常生理現象，妳的身體在缺少卡路里等熱量的情況之下，首先會流失掉身體的水分，這個時候妳會有錯覺認為自己已經成功減輕體重了。妳的身體會燃燒皮下脂肪，要是妳又不運動的話，就會漸漸發現自己的身材變得越來越鬆垮，所以妳所謂的「減肥」，並不是將肥油減掉，而是將肌肉組織減掉。結果妳又開始大吃大喝起來，很快地就會回復到以前的體重，然後，妳的減肥失敗了。

　　上述這樣的減肥方法反覆循環之後，會讓妳變得更肥，肌肉變得更少，妳會覺得自己肥嘟嘟，而且在心理上會認為自己是一個失敗者。經歷這樣的挫折過後，一般人接著會怎麼做

呢？想當然爾，她們會開始另尋其他減肥的妙方。

其實，讓身體保持在最佳的健康狀態，這比起讓身材維持曼妙的身段更加重要，以長期的努力目標而言，良好的飲食習慣加上規律的運動是維持身體健康的最好方法。肌肉組織所燃燒的卡路里會比脂肪組織所燃燒的卡路里多出許多，即使是人們在睡覺的時候亦然。運動是最好的方法！運動有許多種型態，如果妳認為一個人運動是一件很無聊的事情，可以跟朋友一起運動，而且朋友之間還可以互相鼓勵。散步是很棒的運動方式，而且又不用花任何一毛錢。游泳也是一種很好的全身性運動。

如果不願運動只想靠節食來達到減肥效果的話，就只會把自己餓昏頭，而且必須捨棄自己愛吃的食物，那多難過呀！想要減重，只要每天持之以恆地運動三十分鐘，一個星期至少運動三到四次就行了。

營養專家認為，每個人每天所攝取的食物健康成分要占百分之八十，也就是低鹽、低糖、低脂，多吃雞肉、魚肉、少油脂的肉類，新鮮的蔬果和全麥麵包，馬鈴薯和麵條等低脂主食；那麼妳偶爾享受一下另外百分之二十的美味甜食等等比較不健康的食物。

想要讓自己更健康，首先要學習改變自己的生活方式。改變過去的惡習當然不是一蹴可幾，要一步一步慢慢來。記得：減肥並沒有任何快速的特效藥！

飲食失調

曾經有一些女孩寫信告訴我，她們為了讓自己看起來更瘦，最後卻得了厭食症。

飲食失調是很嚴重的事。根據飲食失調協會相關的研究調查報告指出，容易引發這種病症的女孩子，通常介於十五歲到二十五歲之間，約有百分之二的女孩子罹患厭食症，有百分之三的女生得到暴食症，部分女孩子則是可能同時得到這兩種病。

上述這兩種病症都是因為對食物產生了不好的聯想，將自己的體重和外型與食物的關聯過分混淆在一起。通常這些女孩子也會開始對自己的生命產生悲觀消極的心態，到了這個階段，就已經不只是單純的減肥和食物問題了。十分消極的她們對任何事情都感到不快樂，於是便將負面情緒投射在食物上面。因為那些覺得自己無法掌控自己生命的人，會覺得自己唯一能夠掌控的東西就是食物。除了食物之外，她們無法在其他地方找到自己的自尊。

強迫厭食症

大部分的厭食症案例中，這些女孩通常都很擔心自己的體重會太重，於是努力讓自己的體重維持在正常標準以下，即使她們的體重已經很明顯地比正常標準都還要低了，她們還是會認為自己太重。許多減肥過度的女孩通常都會突然停經，甚至開始掉頭髮。不過許多女孩子都不願意承認她們罹患了厭食

症，她們會告訴別人說自己的體重之所以降低，乃是因為飲食控制得宜及適量運動。

有許多人拚命運動，身材卻無法保持苗條，於是她們最後便選擇放棄用運動來減肥。在所有的心理病症之中，厭食症是死亡率最高的一種，大概高達百分之三十到百分之四十的患者最後都會走向死亡之路，每年都會有許多女孩因為餓壞肚子及體重過低而離開人世。

強迫暴食症

暴食症患者在病況最嚴重的時候，無論吃多少東西都不會感到滿足，因為他們對於食物的誘惑已經完全失去了控制。如果他們停止暴飲暴食並且控制體重的話，還可能把自己弄到一身是病，因為他們會吃瀉藥或是乾脆節食不吃東西，甚至成為一個運動狂。暴食症的患者跟厭食者的患者有一點非常類似：他們通常都對自己的外表很不滿意。

飲食失調症候群

對於下面的問題，如果妳的答案都是肯定的，那麼妳就可能有飲食失調的毛病。

◆ 妳會無時無刻地想到食物嗎？
◆ 當妳面對食物的時候，妳會覺得害怕、有罪惡感、生氣、羞恥嗎？
◆ 妳會常常在吃完東西後拚命運動瘦身燃燒卡路里嗎？
◆ 妳會經常想到自己的體重、外型，以及今天妳又吃了多少東

西等等這些事情嗎？

◆ 當妳在與食物的誘惑和運動的痛苦搏鬥時，妳會感到恐懼嗎？

◆ 如果妳減重成功的話，妳會覺得自己比較快樂、比較能接受自己，而且認為自己是比較成功的人嗎？

◆ 為了要讓自己的身材達成或維持某一階段的目標，妳會經常地進行運動鍛鍊嗎？

◆ 當妳的情緒陷入低潮的時候，妳會用吃東西來解決一切嗎？

如何尋求幫助

　　如果妳有飲食失調的問題，想要治好這種病的第一步就是勇於承認自己。許多患病的人根本不認為自己生病了，他們繼續暴飲暴食，然後再偷偷地用催吐、吃瀉藥等方法來讓自己瘦身。如果妳覺得罪惡感很重，或是覺得自己非常可恥，這代表著其實妳需要的是別人的幫助，所以我建議妳一定要去尋求醫生的幫忙。

惱人的胸部

　　不管妳是不是對自己的胸部又愛又恨，每個女人就是會有兩個乳房長在胸口，而且大部分的女孩總是覺得別人的胸部長得比自己更好。如果妳是屬於小咪咪一族的話，妳會夢想自己擁有一對碩大的海咪咪；如果妳是海咪咪一族的話，妳會覺得在男生面前走過是一件頗為難為情的事，因為他們的目光全部都會集中在妳的胸前。

　　唉！誰又會想到胸前那兩團肉竟然會造成女生這麼大的困擾呢？

乳房的構造

　　對於許多女孩子來說，胸部的發育是青春期的第一個特徵，大約是十歲到十一歲開始，胸部的發育完全則是介於十八歲到十九歲之間。乳房是由脂肪所構成的，在乳頭附近有微小的乳腺組織。每個女孩的乳腺組織數量都一樣，但是乳房的脂肪多寡卻是因人而異，所以每個女孩子的胸部大小也不一樣。乳頭附近的圓周組織是乳暈，上面有一些分泌油脂的腺體。乳頭和乳暈的顏色深淺因人而異，基本上也和個人的膚色有關。

胸部的尺寸

有些女孩會抱怨自己的胸部太小，使得她們看起來比較沒有女人味；可是如果妳的胸部很大，其他的男孩或許只會注意到妳的胸部，卻因此忽略了妳其他的優點。

不論胸部是大是小，女孩的乳房都能夠感受到相同的性刺激，對於妳的性伴侶來說亦然，所以請各位女生一定要為自己的胸部感到驕傲。不需要再為胸部大小的問題苦苦煩惱，胸部大小並不是重點，妳的幽默風趣會比大胸部來得吸引人。

左右大小不同

如果妳拿一面鏡子照照自己的兩邊臉蛋，可能會發現自己的兩邊臉蛋長得並不一樣。事實上，人類的身體其實是有一點不對稱的，所以人類左右兩邊的乳房當然也長得不太一樣。在青春期發育的階段，乳房的生長速率有所差異，要是有一邊乳房突然之間長太快的話，另外一邊乳房就會馬上努力迎頭趕上。

當妳的乳房已經完全發育完全之後，兩邊大小不同是很正常的，要學習去慢慢習慣它。如果真的差異太大，可以試著用胸罩墊來輔助另外一邊較小的乳房。或者去找整型外科醫生，將過大的一邊弄小一點，或是將太小的一邊隆大一點。

乳頭

妳的乳頭會在發育的時候慢慢突出來，有的乳頭看起來比較平坦，有的乳頭比較明顯隆起或是呈細溝狀。當妳的乳房在

持續生長的時候，乳頭同時也會往外擴，要是妳的乳頭發育比較慢的話，請記得這也是很正常的現象，不會影響哺乳功能。

　　當妳覺得寒冷、性興奮、緊張或是磨擦到東西時，乳頭會變硬突出。

胸部生長痕

　　在青春期發育的時候，胸部出現生長痕是很正常的現象，那是因為乳房的生長速度太快，胸部的皮膚無法支撐擴張的乳房，所以會在乳房兩邊出現生長痕，不過這樣的生長痕會慢慢地隨著時間消失不見。生長痕的顏色會比妳其他的皮膚顏色淡一點。

胸部檢查

　　雖然十幾歲的小女生很少會罹患乳癌，但最好還是每個月進行一次乳房自我檢查，學習自我檢查的好處是讓妳知道正常的乳房到底有沒有任何異狀。

　　月經過後幾天是檢查乳房的最佳時刻，因為這時候的乳房組織比較柔軟。首先將自己的胸罩拿下來，然後站在鏡子面前將手高舉過頭，看看兩邊乳房的外觀是否有任何異樣，包括顏色和皮膚的表層有沒有特殊狀況，特別是乳頭的部分也要特別注意。

　　接下來將其中一隻手放在頭部後面，然後用另外一隻手的三根手指的指節中間（不是指尖）觸碰胸部是否有硬塊，力道要適中，從十二點鐘的方向在乳房上畫圓觸摸直到鎖骨的地方，最後在乳頭的四周也重複同樣的動作，大功告成之後，在

腋下的地方再做一次同樣的檢查動作。請記得兩邊乳房都要確實地進行這樣的自我檢查。洗澡的時候，妳也可以利用塗滿肥皂的手來做這樣的檢查，手部一定要高舉過頭喔！

　　乳癌的發生率的確在青春期的少女之中不常見，因為這時候會有大量的女性荷爾蒙刺激生長中的乳房。人類身體的每個部位都有其獨特的用處，要是妳有任何疑慮的話，建議妳可以去請教醫生。想想看，妳和妳的乳房要相處一輩子，所以一定要好好地互相了解對方一下，不是嗎？

胸罩

　　市面上有各式各樣的胸罩，有些胸罩會讓妳的乳房看起來比較大，有些則是讓妳的乳房看起來比較小一些；至於胸罩的功用也是各異其趣，有運動專用的，也有讓它變得高挺些的。不管妳喜歡的是哪一種胸罩，最重要的是這些胸罩的尺寸適不適合妳的乳房，如果妳的胸罩與乳房間的空隙很大，那代表胸罩可能太大了，如果妳的乳房擠出來到罩杯外面，那就代表著妳的胸罩太小了。

　　許多女孩在選購人生第一個胸罩的時候，都會以胸罩是否美觀做為首要條件，這真是一個非常錯誤的觀念。乳房本身沒有任何肌肉組織，所以需要像胸罩這樣的物件來支撐。如果妳不穿胸罩的話，妳的乳房可能會慢慢地下垂，尤其是那些乳房特別碩大的女生。一旦妳的乳房開始下垂，就沒有任何外科手術可以救得了妳，所以穿對好胸罩是很重要的。

　　購買胸罩之前，最好請一位專業人員替妳量好胸圍，然後再告訴他們妳的需求，請注意在體重有增減的情況下一定要重

新丈量胸圍才行。任何一家賣胸罩的店面都可以找到相關人員幫妳丈量胸圍，不用覺得難為情，因為這些人早已經對各式各樣的胸部屢見不鮮了。

隆乳

似乎每個女人都會對隆乳手術有一種幻想，特別是報章雜誌上有許多文章大力吹捧這種手術的好處，所以我們就來談談隆乳手術。

通常人們將隆乳稱之為乳房增大手術，醫生會在乳房兩側切開一個小口（有的人則是會在腋下或是乳頭附近），然後再塞入一個鹽水袋或是矽膠袋，讓妳的乳房看起來比較大。

假胸部摸起來的感覺比較硬一些，而且當妳躺下來的時候胸部也不會自然下垂或向兩邊自然擴張。女孩子通常都不會滿意自己的小胸部，但除非妳的年齡已經到達發育成熟的年紀，否則醫生是不會為妳動手術的。動過隆乳手術的婦女，仍然可以在生產完之後替寶寶餵養母奶。

就跟其他任何手術一樣，隆乳手術也有其一定的風險性，而且身體也得付出疼痛的代價。即使成功地動完隆乳手術，還必須承受許多隆乳之後的後遺症，包括隆乳後的組織感染，乳頭潰爛，乳房變硬，或是填充物滑落等等問題。甚至有些女孩認為隆乳後對身體的負擔，很容易讓她們引發關節炎的毛病。

重要的是，隆乳之後無法根本解決原先困擾妳的問題，或許妳會有一陣子覺得心情特別愉快，但是過了不久又會覺得身體的某些部分不如其他人，開始感到沮喪。因此我建議大家接

受原本最自然的自己，藉此慢慢地增加自信心。請記得：如果妳一直對自己感到不滿，長久下來會讓妳越來越不開心。心靈層面的自我提升絕對比修飾自己的外表更加重要。

縮乳

未成年少女不能進行這種手術，大部分都是一些上了年紀、生過小孩的女人要求動這種手術，因為她們大都有胸部下垂的煩惱。胸部下垂會造成頸椎和肩膀的壓力負擔，連帶使得行動變得十分不便，所以這種手術都是基於健康的理由，而不是美觀的理由。

縮乳手術除了將乳房尺寸變小以外，也會變換乳頭的位置，因此有許多人會喪失乳頭的敏感度，以後甚至再也無法餵寶寶喝奶，並且會留下明顯的疤痕。

心理測驗：檢視妳的身體語言

妳對於自己的身體抱持著什麼樣的態度？試著回答下列的問題來檢驗自己吧！或許到最後妳便能夠忠實地面對自己的身體，不再在乎尺寸的大小或外表是否美麗。下面的所有問題請妳勾選是或不是，最後將所有的分數加起來，看看妳自己到底是怎麼樣的一個人。

	是	否
1.妳通常跟妳的身體相處得愉快嗎？	3	0
2.如果可以免費動整型手術的話，妳會想去做嗎？	0	1
3.妳喜歡人工美女嗎？	1	2
4.妳希望妳能夠更有信心嗎？	1	3
5.妳的朋友會稱讚妳嗎？	1	0
6.妳覺得在服飾店可以找到很多適合妳穿的衣服嗎？	3	1
7.妳喜歡經常改變頭髮的顏色嗎？	1	2
8.妳會嫉妒別的女孩長得很漂亮嗎？	0	2
9.妳經常減肥嗎？	1	2
10.如果妳長得跟現在不一樣，妳覺得妳的人生會過得更好嗎？	0	3
11.妳會花很多錢買美容及護髮產品嗎？	1	2
12.妳害怕照鏡子嗎？	0	1
13.妳覺得男孩們會為妳著迷嗎？	2	0
14.妳覺得妳的外表有需要改變的地方嗎？	1	2
15.妳現在正在減肥嗎？	1	3
16.妳穿黑衣服的比例比其他鮮豔衣服的比例來得高嗎？	0	2
17.妳穿泳衣的時候覺得自在嗎？	3	0
18.妳會選擇最新流行款式的衣服來穿嗎？	2	1
19.妳面對男生的時候是否有信心呢？	3	0

20.妳的朋友認為妳有趣嗎？ 3 0

21.有許多男生注意妳嗎？ 3 0

22.妳出門之前都會化妝嗎？ 1 2

23.每個周末妳都會出門血拼嗎？ 1 2

24.妳會說自己很肥嗎？ 0 2

25.妳會刻意掩飾自己身體的某些部位嗎？ 1 2

一起來看看結果

一到十四分：十分敏感

妳對自己幾乎沒有自信，尤其對自己的身體感到十分自卑。妳對於自己可以說是通通都不滿意，認為問題的癥結就是出在妳的身體。妳會嫌自己太肥或太瘦，有一頭蓬鬆的捲髮或是有個大鼻子，因為妳對身體太過於敏感，所以如果有人想要接近妳跟妳說話的時候，妳會拒人於千里之外。

其實人類的快樂泉源來自於內在，如果妳越喜歡自己，就會讓別人覺得妳是一個有吸引力的人。想想看那些大明星不就是如此嗎？有些人的五官並不美麗，但是正因為她們十分有自信，這份自信會散發出讓人著迷的魅力。所以奉勸妳們不要每天想著隆乳隆鼻、節食減肥，試著開始喜歡自己吧！妳一定會發現妳的心情也會隨之改變的。

十五到二十七分：害羞

　　這是一個好消息，妳對於自己並不是特別自卑，妳相當喜歡原本的妳，而且也肯對別人付出。但是比較不好的消息是，如果別人想要親近妳的話，妳仍比較保留，不肯表現出真正的自己。妳有許多好朋友，不過妳卻不相信自己是受歡迎的。

　　整體來說，妳需要再加強對於自我的信心，讓自己更快樂、更有自信心一些，那麼妳就會發現自己會變得更有吸引力。自我成長的訣竅就在於：別人可能花了很多錢去進行整型手術、努力節食減肥或者是購買精心設計的衣服，但是如果他們對自己完全沒有信心的話，他們就不會變得更有魅力。所以寶貝們，一定要相信自己！

二十八分到三十九分：滿意

　　大部分女孩的積分應該都是落在這一個群組中。妳是一個快樂又幸福的女孩，同時妳也花費了很多心力讓自己看起來更好。妳是一個很懂得穿衣服的人，而且妳也很懂得利用穿衣服來掩飾自己身體的某些缺點，例如穿著黑色系的衣服讓自己的身材看起來更加修長一些。對於自己的外表，妳幾乎可以說是非常滿意，不過當然還有一些美中不足的地方讓妳有點擔心煩惱。

　　妳其實已經夠好了，對於自己身體的小小瑕疵不要太過於在意，如果妳真的沒辦法睜一隻眼閉一隻眼的話，請

妳列出一張單子寫出自己其他完美的部分，如此一來就會覺得比較開心喔！

四十分以上：快樂

　　恭喜妳，妳是一個快樂且身心平衡的人！妳很樂於做自己，無論內外都非常協調。妳是一個很有自信的人，所以可以吸引所有朋友對妳的注意，同時妳也是一個非常具有性魅力的人。或許妳的身體並不是如同超級名模那麼棒，但是妳也不會因此而自怨自憐，妳很喜歡原原本本的妳，並且從自身學習到很多東西。妳對於造型有自己獨特的審美觀，不會盲目地去追逐流行，不管妳穿什麼，看起來總是如此好看。好女孩們，請繼續保持自己的風格吧！

對於身體的正面思維

　　從剛剛的問答題中，我們可以了解到，想要改變妳的身體，需要先改變的是自己腦中的想法。如果妳想要讓自己更快樂一點，請繼續閱讀以下的部分。

什麼是自信心

　　我們常常聽到有人說到這三個字，但是所謂的自信心到底是什麼呢？簡單來說，就是不管自己的外表如何或成就如何，妳就是喜歡自己並接受自己，對於個性中的負面部分，妳也能

夠坦然接受。

很多自信心不夠強的人通常都無法認同自己的價值，覺得自己非常渺小，於是他們常常會無意識地苛責自己。其實自信心並不是如此絕對地一體兩面，人們的日子通常都有好有壞，只要抱持著平常心，一切都會過去的。

加強自信心

很多人常常陷入一個迷思，那就是只要改變自己的外觀或身體，妳的人生就會因此變得更好。這是不正確的。想要讓人生變得更好的最佳方法，就是改變妳的想法，想法改變之後自然就會改變妳的外表。妳的想法會影響妳的外表，進而影響妳的行為，例如妳要是每天都想著：我好肥，根本沒有人會喜歡我！這樣的想法會讓妳的生活過得越來越悲慘，進而影響到妳的一舉一動。結果妳開始不喜歡和朋友們一起在晚上出門，獨自坐在沙發上拿著一桶冰淇淋猛吃。

聽起來或許有點瘋狂，但是如果妳每天持續不斷在自己耳邊說一些具有正面積極意義的話語，最後妳會在無意識狀態中潛移默化地改變對自己的想法。建議妳可以選三到四個句子，每天對自己多說幾次，一開始將自己想要告訴自己的一些看法多說幾次，不過要盡量避免一些刺耳的字眼，例如胖、醜及可怕這種字眼，妳可以說一些例如「我是一個非常值得別人疼愛的人，我不想要別人討厭我」。

建立自信心

當妳的腦海中出現一些負面想法的時候，不要繼續胡思亂想，把自己搞得越來越悲慘，妳要大聲對自己當頭棒喝地說：「夠了，停止！」然後改變自己的想法，多思考一些正面的東西，不斷地對自己重覆敘述。這些具有正面價值的字句會讓妳重新得到自我肯定，並且可以讓自己原先的缺點得到改善，不僅能夠讓自己的交友關係或學校成績擁有更大的進步空間，妳想要達到的目標也能夠心想事成。改變對自己的看法，別人對待妳的態度也會不一樣，請試試以下的訣竅：

◆ 我每天都覺得更快樂一些。
◆ 我一直在學習接受上天給予我的身體。
◆ 我覺得平靜且放鬆。
◆ 大家都喜歡圍繞在我身邊。
◆ 我愛我自己並且接受自己。

◆ 多做一些讓自己覺得舒服的事情，並且經常讚美自己。

◆ 努力去追求妳想要的東西！付出也是一種讓人感到快樂的事情，如果妳有任何需要的話也不要吝惜向別人開口。妳可以使用比較禮貌的字眼，比如「妳可不可以為我……」「我是否可以……」「我需要……」等等。

◆ 多愛自己一些，多疼自己一點。

◆ 遇到困難的時候找個朋友談心。

◆ 覺得害羞或是難為情的時候，不要故意裝得一副沒事的樣子，妳一定要勇敢地表達出自己內心的感情，因為沒有人是天生完美的。

◆ 不要將妳的行為跟妳的為人混為一談。如果妳做了一些蠢事，這並不代表妳就是一個壞人，或是一個蠢蛋。

◆ 不要將自己或別人逼入絕境。

◆ 妳要懂得接受別人的恭維或感謝。

◆ 多將注意力放在妳做對的事情上，而不是那些妳曾經犯過的錯誤。

　　或許這些增加自信心的方法並不是馬上管用，但是如果妳能夠有耐心地努力去執行，將會發現自己真的進步很多。

第4章

關於身體的問答題

本章包括了一些關於身體的常見問題，例如：

♥ 我的身體聞起來有臭魚味嗎

♥ 為什麼我的生殖器官會搔癢

♥ 如何避免細菌感染

♥ 我的衛生棉條怎麼不見了

♥ 如何讓胸部變大

♥ 可以將肚子和臉上的毛髮刮掉嗎

♥ 如何減肥

我聞起來是不是有臭魚味？

我哥哥常常取笑一些女孩的身上聞起來有魚腥味，我不確定他們到底在說些什麼，但是我要如何才能夠肯定自己的身上聞起來沒有魚腥味？

這個所謂的「魚腥味」指的是女孩子生殖器官的味道，許多女孩都會擔心自己的身上到底會不會發出這樣的味道。男生說出這種具有嚴重侮辱性的字眼，實在是非常傷人，把女生的身體當成是嘲弄的對象，是一種極為讓人生氣的行為。事實上，除非人們在非常的近距離來聞女孩的下體，否則根本不會聞到任何異味，因此這樣的形容是帶有極大偏見的。

女孩子的下體會分泌出微量的分泌物，如果這些分泌物和汗液結合在一起，女孩們又沒有時常清洗下體的話，就會發出所謂的一點點「魚腥味」。只要每天都固定使用無香精的肥皂來清洗下體，既不會破壞陰道內部的分泌系統平衡，也能夠保持氣味的清新。不過要是妳聞到的是異常的惡臭味，最好去問問醫生是否自己的陰道遭受到感染。

為什麼陰道會搔癢呢？

最近我的陰道覺得會痛會癢，這段時間我並沒有跟男朋友發生任何性行為。我到底是不是感染了什麼性病呢？

妳的症狀聽起來應該是感染了鵝口瘡，得了這種病，妳的陰道除了會痛會癢之外，還會流出又濃又稠、如同白色起士一

樣的分泌物，味道十分難聞，小便的時候或許還會感到疼痛。

這種病通常是由陰道內部原本無害的酵母菌感染所引起，很多人並沒有與他人發生性行為仍然感染到這樣的疾病，有可能是因為妳最近身體不適而服用了抗生素，藥品改變了妳的身體化學平衡系統，因而使得陰道內部的細菌開始生長。

其他引發這種病症的原因還包括洗澡時使用含有香精的肥皂，或是因為妳的內褲或長褲穿得太緊（穿太緊的褲子會使得下體溫度提高，進而成為細菌滋生的溫床）。

這種疾病的確也有可能是因為性行為所引起的。建議患者們一定要去看醫生開處方，也可以去藥房自行購買一種叫做卡內思（Canesten）的藥膏。在這段患病的時間最好不要從事性行為，如果病情減輕之後想要從事性行為，最好使用保險套防止感染和懷孕。想要多了解這種病，請看第十一章。

什麼是子宮頸抹片檢查？

我最近跟男朋友發生了性關係，他建議我最好去做一次子宮頸抹片檢查，請問那是什麼樣的檢查，會不會痛呢？

介於二十五歲到四十九歲之間的女生，每三年就應該檢查一次子宮頸是否有發生病變（介於五十到六十四歲間的女人則是每五年檢查一次）。醫生和護士在進行這項檢查的時候，會將金屬質料的子宮頸檢查器放入妳的陰道內（一直進入到妳的子宮頸口），然後再用木質的壓舌板（就像一條下垂的舌頭一樣）在組織上方採集一些化驗樣本，然後將這些樣本送往化驗室去檢驗，看看妳的子宮內膜細胞是否有產生任何癌症病變

跡象。如果能夠在病變早期發現子宮頸癌並且立刻進行治療的話，治癒的機會非常高。

　　或許妳在第一次進行檢查的時候會覺得有點難為情，但是它一點也不痛，只需要短短的幾分鐘而已；如果妳真的非常害羞，可以安排請女醫生和女護士幫妳處理。

如何避免生長紋影響外觀？

　　我是一個很瘦的女生，但是我注意到我的臀部和大腿內部開始出現了生長紋，我覺得很難看，害我現在都不敢照鏡子，到底如何避免這種生長紋呢？

　　這種生長紋是出現在皮膚表層的紋路狀組織，那是因為妳體內的女性荷爾蒙在作祟的緣故，尤其是在屁股和大腿的地方更為明顯，幾乎每個女孩子在發育的時候都會出現這樣的生長紋。不過只要妳能夠規律運動、多喝水、多吃蔬果，就能夠改善這樣的情形。在患部塗抹維他命E乳液對於改善生長紋的出現狀況很有幫助，妳的皮膚看起來也不會那麼可怕。但是請妳們一定要特別當心，有些產品宣稱本身含有神奇的療效，不過那都是誇大不實的。

　　話說回來，要是妳一直把心思放在這些生長紋上，妳會覺得自己的狀況看起來越來越惡化，可是在別人的眼中，卻根本不認為妳的身體有什麼奇怪。

衛生棉條不見了？

　　我在月經快結束時，突然記不得自己到底有沒有將棉條取

出？我很擔心會不會跑到子宮內部去了，因為我找不到它。怎麼辦？

不要擔心，它不會不見的，因為根本沒有任何地方可以讓它亂跑。

妳的陰道內側上方子宮頸開口很小，大概只有一根稻草的寬度而已，沒有任何衛生棉條可以在這個地方來去自如。如果妳檢查過後發現衛生棉條還在的話，就將它取出；如果已經不見的話，可以試著摸摸妳的子宮頸口，子宮頸口摸起來的感覺就像是妳的鼻翼肉團一樣；如果妳真的很擔心，建議妳盡快去找醫生檢查一下。要是衛生棉條留在體內超過八小時，那就可能會發生感染的問題了！

平常的時候要注意，不要將衛生棉條放在陰道內太久，否則會產生血液中毒的問題。

為什麼棉條放進去後會產生刺痛的感覺？

本來我是使用衛生棉墊，不過最近我改用衛生棉條，或許是我放的位置不對，有些棉條放進去之後會有刺痛的感覺，我到底哪裡做錯了呢？

我想妳大概需要將衛生棉條塞進去一點！塞入輔助器或許可以幫助妳更容易將衛生棉條深入塞進陰道中。如果妳的月經經血流量很大的話，血液可以充當潤滑濟，幫助妳更容易將棉條塞進去。妳可以將棉條從妳的陰道後方慢慢塞入底部，記住不要直挺挺硬生生地塞入，然後利用紙板管狀輔助器慢慢地在

陰道內部前行，直到妳的手指感覺到接觸肉壁為止，最後再將
輔助器輕輕地拿出體外，這時候棉條應該就會留在陰道內壁上
方。

　　如果妳放的地方正確無誤的話，妳應該不會感覺到棉條
的存在，所以塞棉條的時候一定要將身體放輕鬆，要是妳的身
體很緊張，妳的肌肉就會很緊繃，棉條也會讓妳的陰道感覺很
痛，有時候連塞都塞不進去。

我如何將胸部變大？

　　我的上圍是三十二Ａ，我一直很希望自己的胸部能夠變
大，對此我願意付出任何代價。請問妳有什麼建議？我今年
十五歲。

　　不管廣告上面是怎麼說的，其實沒有任何乳液、工具或藥物可以讓胸部變大，因為胸部沒有任何肌肉組織，光靠運動也根本不會讓妳的胸部變大。一般來說，女孩子一直要到二十歲的時候胸部才會發育完全，因此在這段時間內不需要擔心自己的胸部太小。

　　每個女生都應該用心去愛自己身體的每一部分，如果妳真的想要擁有一對大胸部的話，可以參考一下魔術胸罩或是使用胸墊。其實有許多人的胸部雖然不大，但是看起來還是很漂亮。

我是不是多了一個乳頭？

　　我今年十四歲，不過我的胸部下方有一個棕色的奇怪硬塊突起，形狀就像是一顆青春痘，我覺得那搞不好是乳頭！除此之外，我的兩個乳房都很正常，所以我很擔心，這會不會是乳癌呢？

　　聽起來妳應該是覺得自己多了一個乳頭，也就是俗稱的「超級乳頭」，其實這是一種還算蠻普遍的問題。這個「超級乳頭」看起來有點像是黑痣，不必太擔心它，它通常不會擴張變成一個真正的乳房，也不會越來越明顯。像妳這樣的年齡很少會得到乳癌，不過為了安全起見，這樣的情形最好還是去看醫生，趕快去預約看診吧！

應該將肚毛和臉上的鬍鬚刮掉嗎？

　　我喜歡穿小可愛出門，但是我的肚子上長了許多黑毛讓

我覺得很難為情，我的臉部也有長小鬍鬚，我的同學很喜歡笑我，我應該將它們刮掉嗎？

　　肚子和上唇長出毛髮是很正常的現象，所以除了刮體毛和腋毛以外，如果也將身體其他地方的毛髮刮掉的話，並不是一個好主意。

　　有一種毛髮漂白劑倒是非常適合用在肚子和上唇部位的毛髮，它可以將毛髮的顏色變淡，別人也比較不會注意到。也有一種美白乳液叫做喬林（Jolen），妳可以買來試看看。

　　如果真的想要把這些毛除掉，可以試試除毛蠟。第一次使用除毛蠟的時候會覺得有點痛，之後妳就會得心應手了。所有的除毛蠟產品都可以去除妳敏感部位的毛髮，比如臉部和下體，讓它們全數脫落，包括髮根的部分，所以這些毛髮除去之後再生長的速度會比較慢；但是如果妳用刮鬍刀的話，毛髮再次生長的速度便會很快。一般來說，使用除毛蠟之後又重新長出來的毛髮會比較細一些，也不會讓皮膚有任何不適的感覺。

該如何減肥呢？

　　我知道不應該隨便節食，而我真的試盡各種辦法讓自己的體重降下來。可是我每天也無法不吃巧克力，我到底該怎麼辦呢？

　　每個女孩在青春期的時候都會面臨到身體的快速變化，也就是說妳會變得更胖、肌肉會變得更結實，這是每個人身體變得成熟時的必經過程。比如說，妳的體重一定要達到某個標

準之後才會有第一次月經的來潮，接著妳的屁股、大腿等等部位的體脂肪也會增加。當妳看到自己已經變成一個小女人的時候，或許妳會感到有點驚訝，但是不久之後妳便會開始慢慢習慣，甚至還會喜歡上自己凹凸有致的身材呢！

當妳看到雜誌上那些骨感美女，或許會被那些瘦女人所迷惑，但是千萬不要相信每個女人都應該變成那樣子。每個人都應該喜歡自己的身體，建議大家只要多運動便可以維持身材。選擇一項妳最喜歡的活動，每天規律進行，比如說騎腳踏車、健走、溜冰等等，從事這些活動都會比妳節食來得好，因為如果妳無故改變飲食習慣，可能會影響到身體的健康。建議妳同時多攝取一些新鮮蔬果、魚肉和雞肉、全麥麵包、麵條等等。當然妳也可以繼續享用妳最喜歡的巧克力、薯片和玉米片，不過最好盡量不要每天都吃這些東西喔！如果妳想在正餐之外吃點零食的話，最好多吃水果、堅果和起士。

第二單元

妳與妳的情緒

第 **5** 章

約會遊戲

好的！現在妳已經了解妳的身體和別人的身體，也懂得如何正確看待自己，這一章節將會針對兩性相處問題來探討妳的情緒管理。首先我們會先談論吸引力的問題，接著會討論第一次約會和兩性關係。

♥吸引力：什麼叫做吸引力？如何選擇伴侶？妳的魅力何在？妳讓他著迷嗎？交往之後該怎麼做？

♥約會：如何讓約會成功？做好約會的準備了嗎？

♥交男朋友：這就是愛嗎？該分手嗎？該吃回頭草嗎？

吸引力

什麼叫做吸引力？

吸引力很奇妙！有些人認為吸引力指的是一個人的外貌或是個性，但是其實吸引力所包括的範圍很廣，例如還包括一個人的氣味，別人面對妳的態度，以及妳所表現出來的身體語言。比如說妳在街上可能會被任何一個普通的男子行注目禮，當他們經過妳身邊的時候會哼著小曲對妳吹吹口哨，要是妳不知道這只是尋常男子的一般舉動，妳可能會覺得驚慌失措，覺得自己被羞辱了，妳會憤怒到不想再看到這傢伙！

雖然我們不知道兩性之間的這種化學吸引力到底是怎麼一回事，不過有一些心理學家卻曾經收集一些證據來了解男女為何會互相吸引。

選擇伴侶

以下是兩性交往中常常發生的事：

1.外表是第一印象中極為重要的因素：

但是外表不是絕對的，每個男人都有許多優點值得妳去欣賞，如果妳只是喜歡一個漂亮小男孩的話，那就隨妳吧！

2.一般人都會選擇跟自己容貌相當，看起來比較能夠跟自己匹配的對象：

不過一個人的外貌美醜跟個性好壞其實是能夠互補的，比如說，女朋友如果不同意男朋友從事非法交易，男朋友可能會因為愛她而停止這樣的非法行為；他的女朋友如果是一位很有趣的人，他的朋友們都會很羨慕他。

3.有趣又熱情的人會比冷漠寡言的人更有吸引力：

但是我們知道許多酷酷的年輕人也有很多人喜愛！可是要注意喔，如果變得太自閉的話，可能也會讓妳們的人際關係受到傷害。

4.一段關係之所以能夠維持下去，完全是因為兩人之間可以在重要的事物上分享同樣的價值和生活態度：

也就是說，兩人的行為盡量要能夠做到一致，即使宗教和文化習俗不一樣亦然。如果妳的家人向來都很寵愛妳，妳也會希望另外一半用同樣方式對待妳。

吸引力因素

跟我的朋友們比起來，我真的長得很醜，當我面對男生時，不知道該跟他們說些什麼。除了我之外，我的朋友

們都有男朋友，我很怕自己永遠交不到男朋友，請幫幫我吧！

十六歲的琪曼

關於性吸引力這問題，很多人都有一種極大的迷思，那就是只有長得好看、大胸部、好身材的女孩才會引起男孩的注意，不過這其實只是一般人的刻板印象。每個人都有自己獨特且能夠吸引他人的優點。琪曼的問題在於她認為自己一無是處，男孩們都對她不屑一顧，我敢保證她平常一定也會對男孩們大吼大叫，兇巴巴的樣子當然會把他們都給嚇跑。如果妳總是頭低低的一個人蜷縮在椅子上，披頭散髮的樣子沒有半點生氣，男孩想要跟妳搭訕時妳又愛理不理，這也難怪男孩們無法跟妳當朋友了。

所以到底要如何吸引男孩呢？雖然我剛剛提到了許多關於身體語言的事情，但是想要男孩們能夠注意到妳，不只是每天坐著無聊地搔首弄姿撥頭髮而已，也不是偷偷透過指縫來看對方有沒有在注意妳，或是故意拿東西丟到男孩子臉上來引起他的注意，要不就是乾脆坐在一旁咬嘴唇生悶氣。沒錯，有些女孩果真透過這些手段交到男朋友，但是這些方式根本不自然，一開始妳可能真的覺得自己是性感尤物，但是過了不久妳只會覺得自己像個笨蛋。

提供幾個祕訣讓妳可以跟男孩開始約會：

友善一點，幽默一點，並試著對別人發生興趣

不要假裝自己是個隱形人，自閉地躲在家中修腳趾甲，每

天歇斯底里地自怨自艾。跟男孩子在一起的時候盡量要記得他的每一件事情，兩個人之間要多聊一些彼此相關的話題，不要讓氣氛冷到雙方都昏昏欲睡。多問他一些關於他個人的事情，看著他的眼睛，認真地聽他說話並且予以回應，而且要記得隨時保持笑容。

我並不是說一定要將自己的所有一切都美化，或者是避開自己的缺點不談，但是最好能夠用比較具技巧的方法來談論自己的缺陷，如果妳太早把自己所有的一切好壞全都掏心掏肺地跟男孩訴說，可能會嚇跑了對方，因此最好等到雙方熟識到一定程度之後再來談論這些問題。

做妳自己

何謂做真正的自己呢？也就是說當妳跟最好的朋友在一起的時候，妳可以用最真實的本性與他們相處，妳表現出愉快、幽默、無私的一面，我想其他的男孩也會同樣欣賞妳這樣的人格特質。首先要注意的是千萬不要忸怩做作，多多跟男孩交往之後，妳便能夠自然而然克服原先的恐懼，妳的心情也會變得更加輕鬆自在，妳所需要的只是多加練習而已。記住！有機會的話一定要多跟別人交談，一旦常常有人邀請妳出去，就一定會贏得許多男女朋友的友情。

盡力就好

有些女孩能夠得到上帝的恩寵，賦予她們絕世的美麗容貌，如果自覺平庸的女孩們因此自暴自棄的話，那真的是全世界最可惜的事了！我認為一個女孩子只要能夠好好打理自己的

門面，例如將頭髮洗乾淨、穿著乾淨整齊的衣服、保持口腔衛生及口氣清新，就是一個很棒、很有吸引力的女孩了。

如果妳整天邋遢不修邊幅，這樣如何能夠吸引男孩的注意呢？想想看，一個將頭髮剪得整整齊齊的女孩難道不是很迷人嗎？如果妳沒有很多錢去美髮院，其實有很多一般的理髮店價格都很便宜，而且髮型剪起來也很時髦，不過這些理髮師可能都是一些實習生，要是妳擔心她們的技術，還是要留神一點。至於服裝方面，我相信市面上有許多時裝雜誌可以提供給妳參考。

許多人都已經被洗腦，總認為除非自己是一個使用睫毛膏和唇膏的高手，否則不可能將自己的外表打扮得漂漂亮亮。如果妳決定開始化妝打扮自己，可是又不知道哪一種妝最適合自己的話，我建議妳可以到美容中心請專員上一次免費的妝瞧瞧自己到底好不好看。

妳喜歡他嗎？

當他靠近妳的時候，妳的心會開始小鹿蹦蹦亂跳，妳想要無時無刻都可以跟他在一起，這是屬於一種身體上的吸引力，就像是天雷勾動地火一般的感覺。但是男女之間的吸引力也可以是精神層面的：他或許是一個很有趣的傢伙，很會逗妳開心，跟他在一起覺得很快樂。理想中的情人，應該是在身體和精神上都可以讓妳感到悸動的對象。

天雷勾動地火的感覺確實非常讓人嚮往，但是這種感覺通常不會持續太久，一旦妳回頭冷靜地想一想之後，妳可能會問自己說，我到底是不是真的要跟這傢伙一起出去約會呢？所以精神上的愛戀其實在下一階段的過程中也是非常重要的，可是

到底要該怎麼做呢？

　　唯一的方法就是要多花點時間跟對方相處，在不斷的互相了解過程中，可以讓兩人的感情進入新的里程碑。「時間會證明一切」，這句話自有它的道理。

他喜歡妳嗎？

　　其實要找到一個對妳會有興趣的男孩並不困難，問題是這些男孩他們到底是為了什麼原因來接近妳呢？

◆ 單純做朋友

◆ 一起出遊

◆ 只是為了性

◆ 當女朋友

　　比較令人困惑的是，可能有些男孩會為了上述前三個原因跟妳在一起，但是最主要的目的是想要讓妳變成他的女朋友；或者是他一開始就打定主意要妳當他的女朋友，可是經過相處之後卻改變心意。等一下我會跟大家解釋這其中變化的因素到底為何。

　　請記得感情問題並沒有絕對的答案，一切的發展都不是雙方可以預測的。下面的問題可以讓妳更了解男孩子到底在想些什麼，如果妳看完之後還有任何疑問的話，我想妳還是要跟對方多花點時間相處！

心理測驗：下一步？

　　下面有六個問題，每個問題都有三種答案，每個答案的顏色分別是紅色、粉紅色、藍色，想一想某一個特定的男孩。

一、身體上的（他會不會這麼做呢）：

◆ 找一些藉口來碰觸妳的重要部位，例如胸部和
下體？ 　　　　　　　　　　　　　　　　　　紅色

◆ 站或坐的時候會靠妳很近？ 　　　　　　　　　粉紅色

◆ 他跟妳保持的距離，比妳想像中的還要遠？ 　　藍色

二、其他人（他會不會這麼做呢）：

◆ 會跟妳低聲說話，盡量不讓其他人加入妳們的
話題？ 　　　　　　　　　　　　　　　　　　粉紅色

◆ 會讓別人加入妳們的對話中？ 　　　　　　　　藍色

◆ 妳可以聽到他跟哥兒們在討論妳？ 　　　　　　紅色

三、社會（他會不會這麼做呢？）

◆ 明白指出妳喜歡哪個男孩或是她喜歡哪個女孩？ 藍色

◆ 他會告訴妳要帶妳到他喜歡的地方？ 　　　　　粉紅色

◆ 當妳對他還不太了解的時候，問妳可不可以跟
他獨處？ 　　　　　　　　　　　　　　　　　紅色

四、會話（他會不會這麼做呢？）

◆ 說出一些很不留情的批評話語？ 　　　　　　　紅色

◆ 問妳關於一些事情的意見？ 　　　　　　　　　藍色

◆ 問一些關於妳的問題？ 　　　　　　　　　　　粉紅色

五、調情（他會不會這麼做呢？）

◆ 無視於妳的抗拒而繼續得寸進尺？ 　　　　　　紅色

◆ 常常注視著妳的雙眼，並且摸妳的手？　　　　粉紅色

◆ 面對妳的挑逗時卻裝作什麼都沒發生？　　　　藍色

六、一般態度（他會不會這麼做呢？）

◆ 他跟妳講話的態度就跟其他哥兒們講話的態度

一樣？　　　　　　　　　　　　　　　　　藍色

◆ 很貼心而且很尊重地對待妳？　　　　　　　粉紅色

◆ 他總是我行我素，不在乎妳對他的看法？　　　紅色

如果答案大部分是藍色：冷靜的交往態度

比較合理的解釋：這個男孩大概只想跟妳當朋友。所以當他總是邀請其他人來加入妳們的對話之中，表示他不想讓妳們之間的關係變得太特別。如果他總是對妳保持距離，對於妳的各種暗示也置之不理的話，或許這已經說明了妳對他根本沒有吸引力可言。因此這時候妳最好打消想要跟他交往的念頭，不然自己會變得很難堪，甚至受到傷害。

但是要小心一點，因為：他或許是太害羞了。

如果答案大部分是紅色：討厭的傢伙

比較合理的解釋：這個男孩經過一陣子的相處與摸索之後，可能會開始毛手毛腳地摸妳胸部，或者是大聲向他的同伴吹噓，講一些難聽的下流話來形容妳，他不是一個對妳十分尊重的男孩。要是妳繼續跟他在一起的話，只會讓妳心碎。

　　但是要小心一點，因為：他可能只是還太幼稚，不知道如何用正確的方式來對待女孩子。

如果答案大部分是粉紅色：準備談一場浪漫的戀愛吧！

　　比較合理的解釋：這個男孩的意圖和出發點應該是想認真跟妳交往！他對未來有著美麗的憧憬，並且很樂意跟妳一起約會，他很在乎妳，讓妳覺得自己是個特別的女孩。他不會莽撞行事，讓妳覺得不舒服，不過他會與妳保持一定的近距離，他的確是被妳深深吸引住了。他喜歡與妳單獨相處，不想讓其他人打斷妳們之間的談話，破壞妳們之間美好的氣氛。

　　但是要小心一點，因為：他或許想耍心機玩弄妳，尤其是當他的年紀比妳大，又是情場老手。

開始約會

　　他深深為妳著迷，相對地，妳也深深為他著迷，這時候妳們如何在一起呢？之後又會發生什麼事呢？

邀請他

◆ 不要透過妳的朋友去邀請他，否則難保他誤認為妳是在耍他！

◆ 約他出去之前，一定要多打聽他的一些事情，如果他答應妳一起外出的話，就再接再厲；要是他一直沒有給妳正面回應

的話，繼續加油！

◆ 多跟他交談，並且聊聊他的事情，如果妳還不了解他的話，這或許會很難，所以妳的最重要課題就是要跟他說話。

◆ 多找其他的朋友一起出去，在兩人單獨約會之前，這是了解他的最好方法，而且朋友在一起的時候也比較輕鬆沒有壓力。通常妳可以藉機多觀察他的言行，之後妳們就可以慢慢地開始單獨相處，一個小時或是兩個小時都可以。

如何有一個美好的約會？

◆ 不要覺得自己一定要隨時表現出快樂無比的模樣，或者是滔滔不絕地讓話題延續、不會冷場，有時候無聲勝有聲。

◆ 問問他最喜歡的事情和主題。

◆ 不要都問他一些只能回答「是」或「不是」的問題，最重要的是讓他不斷地想說話。

◆ 不要讓害羞毀了整個約會，如果妳意識到自己具有害羞的個性的話，記住一定要試著讓對方感到輕鬆自在一點，慢慢地，妳會發現自己的表現漸入佳境。

◆ 不一定要在傍晚約會，白天約會反而更能夠讓彼此放鬆，所以到公園去野餐或是去喝咖啡，都是不錯的選擇。

◆ 記住，有些酒精性的飲料盡量不要多喝，酒醉容易讓妳失態，更會讓妳曝露在危險的環境中。

◆ 不要因為交了男朋友就將原本的好朋友丟下不管。妳可能會換男朋友，但是好朋友永遠都會在妳身旁，要是妳在海灘派對所認識的男朋友忽然甩掉妳的話，妳的好朋友會帶著面紙陪妳一起流眼淚。

準備好約會了嗎？

「當然，我準備好了！」正在房間看書，頭上頂著最新髮型的妳或許會這麼回答。大家好像都應該要有一個男朋友才行，一個人小姑獨處似乎說不過去。

其實每個女孩子交男朋友的年紀會有差別，如果妳害怕接近男孩子的話，可能也暫時無法適應跟男孩子獨處。這也無妨，跟自己的好姐妹們東晃西逛也不錯，一群沒有男朋友的女孩子在一起的確是蠻快樂的，這樣一來也可以讓妳暫時忘卻沒有男朋友的困擾。

有些早熟的女孩子要是太早談戀愛的話，兩人的關係可能會一下子進展得太快，因為基本上她們的情緒管理還未成熟，不知道何時該煞車。女孩子應該要等到對自己有足夠的信心，充分地了解自己，並且勇於說出「這就是我自己」的時候才考慮交男朋友。

不用害怕交不到男朋友，反正海裡面的魚那麼多，不用愁釣不到魚。

交男朋友

配對

交了男朋友之後會發生什麼事呢？當妳第一次跟男孩子單獨相處的時候，不需要一次就相處太久，可以先一起吃頓午餐，改天再另外約個時間繼續第二次約會。

交了男朋友之後，妳會慢慢地花很多時間跟妳的男朋友

在一起，兩人會彼此分享夢想、希望、恐懼，妳會喜歡這種彼此接近的感覺，兩人互相扶持。妳們兩人也會介紹彼此給原本的朋友認識，兩人出門的時間也漸漸有了固定的模式，並且也會發現兩人都喜歡去的地方。隨著兩人的親密關係進展，妳會想：到底會不會發展得太快呢？只能到達某個程度就該停止嗎？關於這一部分的有趣問題，我會在第三單元中的「妳與性」解釋得很詳細。下面我會先介紹約會時可能發生的一些問題。

這就是愛嗎？

妳跟男朋友約會了幾次，一切都進行地還不錯，妳認為妳已經陷入情網之中，這就是愛嗎？

很抱歉，或許我這麼說妳會覺得失望，因為連我自己也不能夠告訴妳什麼是愛，即使是專家們，對於愛的定義也不一樣，不過我還是可以給妳一些關於愛的提示。愛會讓妳神魂顛倒，讓妳對他的身體產生極為強烈的慾望，所以我建議一定要讓這段熱戀期暫時冷卻一下，然後妳再來評估這到底是不是真愛，如果妳可以說出「是的，這就是愛」，那表示妳的這段愛已經得到了時間的考驗，而不是只有短短的三個星期而已。

只有親身經歷過愛情洗禮的妳，才有可能體會到愛是什麼！至於其他人對於愛的定義也有不同的看法。在戀愛初期，妳的心跳會因為他的接近而急速加快，妳會想要無時無刻都看到他，並且和他朝夕相處；妳覺得跟他的相似點很多，妳跟他永遠都會有講不完的話。如果妳並沒有上述的相同感受，那就應該不算是有愛的感覺。

　　我建議陷入愛河的女孩們，乾脆放輕鬆好好享受這段愛情的所有過程吧！絞盡腦汁想要去解讀何謂愛情，那只會讓妳更傷腦筋，所以，跟著感覺走吧！

吵架

　　男女朋友一開始在一起的時候，都會表現出自己最好的一面來取悅對方，但是隨著兩人相處的時間越來越久，便會發現兩人之間有極大的不同之處，所以一旦開始吵架之後，有的人便會認為這是此段關係的結束，不過並不盡然。

　　在所有長久且持續的兩性關係之間，人們應該要學會互相協調溝通，各讓一步是使得兩性關係成功相處的最重要祕訣。舉例來說，如果妳願意在星期六陪他一起看運動頻道，或許下星期他也會樂意陪妳一起去逛街。

如何度過口角階段

◆ 協商：試著找出解決的辦法，讓兩人之間達成共識

◆ 試著正確地表達出內心的看法，不要講心口不一的反話，例如要避免說出類似「你的朋友安迪好像每天都跟你有說不完的話？」而是「我可以多一點時間跟你單獨相處嗎？」

◆ 把妳心中的抱怨不滿表達出來，告訴對方妳的感覺，而不是去責怪他，或者是去辱罵他。例如避免說「你真是一個自私的傢伙，根本不會想到我」這樣的話，妳可以說「當你跟朋友在一起的時候，我覺得你有時候會忽略我」。

兩人關係陷入危機時的溝通型態

◆ 不要陷入冷戰：當他正在氣頭上，自認為理直氣壯的話，他
　會藉由懲罰別人來傷害自己，這種賭氣的方法其實很殘酷。
　妳可以暫時先讓他獨處冷靜一下，避免情況更加惡化。

◆ 不要認為對方知道妳在想什麼：通常如果對方真的在乎妳的
　話，只要用同理心去替對方設想，就不會互相傷害，所以一
　定要告訴對方妳要什麼、不要什麼！

◆ 不要因為怕他生氣而答應他一些不合理的要求：或許這種方
　法可以暫時解決爭吵的問題，但是日後如果遇到更嚴重的爭
　吵時，兩人的情緒可能會更一發不可收拾。

嫉妒

　　嫉妒可能會因為任何事情而引發出來，一點點的嫉妒表現
也許會讓妳有種被愛的感覺，但是過多的嫉妒和疑神疑鬼及控
制慾卻會造成極大的問題。

　　如果妳的伴侶常常對妳表現出嫉妒的感覺，而妳不會因
此而感到生氣的話，可能是因為妳們彼此都缺乏安全感，也有
可能是他個人從小生長家庭的環境因素所致，但是不要讓他的
嫉妒心越來越得寸進尺。要是妳認為他的要求還算合理的話，
妳可以適度調整；但如果他的要求一直越來越過分且不合理的
話，那麼妳就不能再退讓了。

　　如果妳自己是一個容易嫉妒的傢伙，那麼要記得妳的男
朋友也會跟他的哥兒們抱怨，就像妳會跟自己的姐妹淘訴苦一
樣。嫉妒心重的人會想要控制別人的自由，最後都會導致反效
果，愛人也會離妳而去。對自己有信心的人比較不會產生嫉妒

心，想要增加自信心的人可以詳讀接下來的章節。

　　要是妳和妳的伴侶心中都有一個善妒的靈魂，最好的方法是找心理醫生諮商，因為嫉妒是具有毀滅性的。

　　嫉妒的情緒會跟許多其他感覺混雜在一起，許多人（包括許多名人）因為內心深深的不安全感，需要別人隨時對他投以最大的注意力，並且以他為中心。他們習慣於別人的讚美和崇拜，有時候甚至會對別人採取不屑一顧的態度，因為如此一來更能顯示出自己的重要性和被別人需要的感覺。

　　強迫性的讚美其實會導致更大的傷害，如此一來兩人的關係通常都不會持續太久，因為這樣的相處方式是兩人所無法容忍的。如果妳發現妳的男朋友有上述這些特徵的話，妳可以要

求他改進。要是妳自己已經習慣於成為眾人注意的焦點，我認為妳也必須要調整這樣的心態，試著用其他比較溫和的方式來讓妳覺得自己是很棒的。

腳踏兩條船

如果有男生瘋狂地愛上妳，那表示妳們的愛情已經上軌道，兩人真正相愛。所以我認為如果要接續談下一場戀愛，必須把上一段感情完全結束才行。要是有個男孩會為了妳而把前任女友甩掉的話，那麼我敢保證他可能也會為了另外一個女孩子把妳甩掉，因為習慣於腳踏兩條船的男人通常都會一犯再犯。

分手

交往容易分手難，卻是所有兩性關係中不可避免的。分手的原因很多，可能是這段關係讓妳感到無聊，或是妳又喜歡上某個人，或是妳發現兩人之間的共通點並沒有當初所想像的那麼多。要是妳真的想要跟某人分手的話，一定要當機立斷，不要藕斷絲連，否則對方會認為還有機會復合。相對地，如果被別人甩了，妳也不用太難過。總之，在分手時，大家都要設身處地替別人想、將心比心，不要忘記：對方曾是妳生命中最在乎的人。

被人甩掉是一件讓人非常難過的事情（事前妳根本不會想到會變成這樣），如果這樣的厄運真的降臨到妳身上，不要絕望地認為世界末日來臨，試著反省自己看看到底是哪裡搞砸了。要勇於接受愛情已經結束的這個事實，而且也要避免跟前

任男友再次見面，要是妳們一直保持著這樣藕斷絲連的感情的話，兩人之間的不愉快很可能會再度發生。當然，失戀是一件讓人痛徹心扉的事，所以儘管放聲大哭吧！跟妳的好朋友和家人大聲地將心中的苦說出來！讓自己忙碌些，跟世界的脈動保持密切聯繫，慢慢地，妳會發現藉由好朋友的幫忙以及個人興趣的培養，妳會將這段空白填滿，甚至已經準備好下一次的約會了。

我應該吃回頭草嗎

　　我常常被讀者詢問這類的問題，我的答案通常都很簡單明快，絕不要！許多人一定會覺得還是那雙老拖鞋穿起來比較舒服，但是有十之八九的人最後還是會讓關係破裂，兩人過去之間的老問題也會重新浮出檯面。

第 **6** 章

性幻想

性幻想是一種很強烈的感覺，強烈的程度甚至會讓妳感到驚訝。要是妳還不能習慣這種感覺的話，會覺得自己的身體衝動似乎不能自我控制，體內的荷爾蒙作祟會讓妳變成一個連自己都不認識的人，真是可怕！ 本章節包括：

♥為什麼我會產生性幻想呢？

♥我會不會當老處女呢？

♥什麼叫做網路性愛？

♥我常做的春夢代表什麼意義？

♥關於自慰的迷思

雙腿之間的悸動感是什麼

有時候在我的雙腿之間會出現奇怪的悸動感，但是還蠻舒服的！我有一個十七歲的表姐跟我說，這表示我很想跟男生睡覺。但是我的月經才剛開始，而且我也沒有男朋友，我表姐說的是真的嗎？

如果妳的表姐是一個性生活很活躍的人，或許她說的是自己的親身感受。針對妳的問題來看，那是因為妳的身體內部開始起了很大的化學變化，被稱為荷爾蒙的化學物質會讓妳的胸部變大、性器官成熟和初經來潮。這些荷爾蒙一定也會影響妳的精神層面，妳會突然發現腦中出現許多關於性的念頭。妳的雙腿之間所產生的悸動，可能是因為妳看到或者是想到了一些關於性的人事物，例如妳所喜歡的一位男孩，這就足夠讓妳產生性興奮的感覺。

男生興奮時陰莖會勃起，至於女生則是在陰核部分（一個小如花生的冠狀組織，在小陰唇的上方）產生興奮的快感，這樣的現象很正常，卻跟實際的性經驗無關。當妳的身體已經準備好與別人（或是自己）發生親密的關係時，自然而然地便會做好充分的準備。

我可以跟搖滾歌手約會嗎？

我知道那些崇拜搖滾歌手的女孩的心理，但是那畢竟是兩回事，因為我真的好喜歡某個歌手，我常常幻想自己可以親吻他。我知道我會跟他談得來，所以我很想見他一面。我對他真

的是朝思夢想，我會對著他的海報大哭。我討厭去學校，因為
那會妨礙我去聽他的演唱會，只要我可以跟他出去約會的話，
一切問題自然就會解決了。

　　對於名人產生仰慕是很正常的，每個人都會對一些遙不可
及的對象產生一種愛慕之心，例如老師、年紀比較大的男孩、
搖滾歌手、甚至是同性朋友等等。可是當妳覺得那是愛的時
候，對方卻不一定這麼認為。

　　當妳在實際生活中過得並不如意的時候，很容易轉移注意
力去迷戀某些人，試著讓自己過得更快樂些，如果是這樣，純
粹去享受這樣的感覺倒也不錯，不過妳一定要清醒地認知美夢
很難成真。我建議妳還是多跟妳的朋友出門走走，搞不好可以
遇到讓妳真正心儀的男孩，這樣的愛情在交往過程中會比較對
等。

為什麼看到雜誌上的女生照片會讓我興奮？

　　我很喜歡看一些雜誌上的性感女孩照片，甚至幻想自己也
成為黃色雜誌中被拍攝的女主角。偏偏我平常又很怕跟男生接
近，也沒有男生想要約我出去，我到底是不是女同性戀呢？

　　正值青春期年紀的男女很容易覺得身旁的人全部都是性感
的男男女女，妳也會越來越覺得自己變成別人渴望的性幻想對
象。妳有一種渴望被窺看的慾望，例如讓自己出現在雜誌上，
妳希望別人覺得妳是一個很有吸引力的人。我認為每個人都不
應該太過於嚴苛地評斷自己，許多青少年也常常覺得自己在同

性朋友之間非常具有吸引力，時間最後會證明一切，看看妳到底是受到男孩的喜愛較多，或者是比較受到女孩的喜愛。

為什麼我常常幻想與別人發生性行為？

我從來沒有親吻過男孩子，可是為何一到晚上的時候，我總是會幻想跟各式各樣的男人做愛呢？這些春夢讓我感到很愉快，這是正常的嗎？

是的，很多人都跟妳一樣，尤其是許多平常看起來很嚴肅的人也是如此，他們都會幻想自己跟陌生人發生性行為，有的時候還會突發奇想地聯想到最稀奇古怪的性行為方式，甚至有些人連在跟自己的伴侶做愛的時候，腦海中也會出現其他不同的性幻想對象。某些男女會互相分享彼此的性幻想內容，但是性幻想的內容最好還是維持在純幻想的階段就好了。

不要為此感到焦慮不安。記住，幻想跟真實的性行為完全是不同的事情，開始性幻想的妳，並不表示妳已經做好真正與人做愛的準備。

我會不會變成老處女？

我不認為人們真正能夠享受性這回事，而我的朋友每天都在提這檔事，我也假裝津津有味地聽他們說話，但我覺得那回事真的是讓人想吐，我不想讓男孩子碰我的身體。所以，我到底會不會變成老處女呢？

不會的，只是目前的妳跟妳的朋友不太一樣罷了！雖然有

許多青少年朋友覺得性這回事很有趣、令人神往不已，但是有些人也跟妳一樣對此不感興趣，這都是很正常的。許多人等到了真正戀愛的時候，才會有那種想要做愛的衝動，這種由心理層面的愛發展到肉體層面的愛的過程，是一種最為自然的真情流露。

要是妳覺得自己跟那些朋友格格不入的話，我建議妳去找一些比較不喜歡一直談論性話題的朋友吧！

什麼是網路性愛？

我在網路聊天室遇到一個年紀跟我差不多的男孩，我很喜歡他的聲音，而他也要求跟我在網路上發生性關係。請問什麼是網路性愛呢？

網路的聊天室存在著各種令人想像不到的奇怪話題，只要妳在聊天室登入註冊之後，就可以跟任何人天南地北閒聊各種話題。在聊天室認識的人通常不會在真實生活中碰面，甚至不會互通電話。

所謂的網路性愛就是在網路上邊聊天，邊進行自慰的行為（用手碰觸自己的生殖器官，直到產生高潮為止），在妳使用電腦的同時，妳也可以將個人的感覺寫給對方分享。有的網路性愛只是單純指在網路上談論性話題，但是並沒有進行自慰的行為。

如果妳想跟某人發生性行為的話，應該要在真實生活中找一個妳可以碰觸、看到的人，而且妳已經非常了解他的一切。網路情人的缺點在於妳根本不知道對方的實際年齡、真正性

別、以及他跟妳聊天的真正動機。網路上有許多心懷不軌的壞蛋，最好不要跟在網路認識的朋友見面，也不要把自己的個人資料洩露讓對方知道，例如讀哪個學校或家住在哪。

我做的春夢代表什麼？

我一直會夢到跟各式各樣的人做愛，但是這些人是我在日常生活中根本不會愛上的人，例如我的老師、鄰居、一些老電影明星。我如何控制這些夢呢？這應該是不正常的！

壞消息是，很難去控制妳所夢到的內容和人物；好消息則是妳可以好好地在夢中享受性，且不會產生罪惡感。關於夢的各種理論很多，不過許多心理學家仍然無法正確地詮釋出人們的夢境意涵。佛洛依德認為夢的內容是反映出人類心理的願望，所以妳會在晚上做春夢是很正常的，因為每個人的潛意識對於性都會感興趣，只是這些想法平常很難具體表現出來。夢到跟某些人發生親密的性行為，並不表示在平常生活中就一定會這麼做。

自慰

什麼是自慰

自慰指的是摩擦自己的性器官直到產生高潮為止，許多人對於這樣的行為仍然有不同的看法和爭議。其實每個人從小寶寶的時代開始，就已經會碰觸自己雙腿之間的性器官，而且這種感覺也不錯。隨著年紀增長，碰觸性器官的行為卻被禁止，

慢慢地就會產生羞恥感。

　　妳可以將自慰視為成長過程中的一部分，並且藉由這樣的行為來更進一步了解自己的身體。

關於自慰的迷思

　　男生自慰的頻率可能比女孩高出許多，而且開始自慰的年紀也比較早，其中的理由可能是因為，男生碰觸到自己生殖器官的機會較高，因為男生每天都會握著自己的小寶貝尿尿，而且他們會發現，碰觸小寶貝的某些感覺真的好棒。相反地，社會上對於女孩子碰觸自己的性器官有著比較嚴格的標準，並且用高標準的道德觀來看這件事。

> 只要我的腦海中一出現關於性的念頭，我就會隨時想自
> 慰，關於這點我十分擔心，因為這好像是不對的行為。
> 我告訴我最好的朋友，她覺得好驚訝，因為她從沒幹過
> 這件事，我會永遠這樣嗎？
>
> 　　　　　　　　　　　　　　　　　　十四歲的安奇

　　有些女孩子從來沒有自慰過，部分女孩子則偶爾會自慰，少數人則是每天都自慰，每個人的需求都不一樣，只要找出讓自己覺得最舒服的方式就行了。如果妳認識一位固定的性伴侶時，妳或許可以跟他分享這一切。當妳第一次學習到如何自慰之後，妳會開始從事頻繁的自慰行為，這是相當正常的。

　　每個人的性衝動程度都不同，有些女人在成年之後還是會規律地從事自慰行為，即使有了固定的性伴侶也是如此。要

是妳每天都過得很快樂，並且經常自慰的話，那麼這表示妳可能是個性慾很強的人；但是這也可能表示妳在生活上遇到了困難挫折卻只能用自慰來宣洩，如果真是這樣的話，除了自慰以外，我建議妳找尋別的方法來排解。

女生如何自慰？

大部分的男生所使用的自慰方式都差不多，也就是用手掌來回摩擦陰莖直到射精為止。不過女孩子的自慰方式則相當不同，有些女生光是只有刺激胸部就可以讓自己達到高潮，部分女孩則是採取雙腿用力夾緊的方式來讓自己達到高潮。最常見的自慰方式則是用手指刺激陰核、用蓮蓬頭沖激私處、或是使用電動按摩器（形狀像陰莖）、雙腿夾緊軟軟的枕頭等等。

有些女孩子喜歡將某些東西放進陰道內，比如說手指，但是偏好此道的女孩一定要特別注意，不要使用尖銳的玻璃製物品，否則可是會把自己割傷的。

為什麼要自慰？

◆ 因為很興奮
◆ 為了要解除壓力
◆ 幫助睡眠
◆ 學習高潮到底是怎麼回事
◆ 為了多認識自己的身體
◆ 跟伴侶做愛過程的一部分

每個人都會自慰嗎？

不見得！不一定每個人都自慰。雖然妳的朋友似乎都有自慰的習慣，但是有些人不見得能夠透過自慰達到快樂與滿足。當然這也無妨啊！這並不表示當妳們遇見一個想跟他做愛的人時，妳們會無法快樂地享受性生活的歡娛！有些人從來不自慰，有些人則是在生命中的某些階段便停止了自慰的行為。

同性戀

有一天在學校上完游泳課之後，我跟我的同學們一起沖澡，我發現自己無法將視線從她們的身體移開，當天晚上在夢中又出現了這些畫面，而且讓我感到很興奮。其實我已經有男朋友了，我也不可能是女同性戀，我有可能是雙性戀嗎？

這是很正常的反應，即使是看到同性朋友的身體也一樣。我們終其一生跟同性朋友相處的時間很多，跟他們十分親近，所以當然也會覺得他們非常性感。

同性戀者會對同性產生好感，異性戀者則是對異性有興趣，雙性戀則是同時對男女都有興趣，這就叫做個人的性取向。雖然沒有明確的證據說明每個人的性取向為何會不同，但是研究顯示大約有百分之五到百分之六的人可能是同性戀。有些人天生就喜歡同性的朋友，他們從小時候就知道自己的性取向；有些人則是本來還會跟異性朋友交往，一直到青春期階段或是二十幾歲的時候才真正明白自己的性取向，當然，也有些

人到了中年才明白自己是同性戀。

如果青春期的妳喜歡同性朋友，或是曾經跟同性朋友有過某種程度的性體驗，這都是很正常的事情，千萬不要太早替自己的性取向下定論。給自己多一點時間，妳會慢慢地了解內心深處的自己。沒有人在妳旁邊拿著馬錶計時，要妳當機立斷做出決定，因為性取向有時候會隨著人生的每個階段而改變。

要是妳真的對自己的性別傾向有所懷疑並且感到焦慮的話，去找個可以信任的朋友談一談，或是找專業人士聊聊妳的問題。

反同志情結

儘管有許多人拚命研究，但是我們仍然不清楚為何會有同性戀、異性戀、雙性戀的區別。許多異性戀者對於同性戀非常反感，甚至覺得他們都是病態。

不管是男同志或者是女同志，他們在日常生活中都受到非常大的歧視，他們被剝奪了異性戀者所被賦予的許多正當權利，常常被言語或暴力羞辱。

很幸運地，現今的社會慢慢學會了對於異己採取更為包容的態度，許多同志也敢大聲站出來在公開場合表白自己的身分，而部分的教育機構也開始教育社會大眾如何去認識這些跟我們比較不一樣的人。要是以後我們的身邊出現這樣的人，包括我們的家人和朋友在內，我們都要學習去接受他們。

第 7 章

面對性的態度

本章節會介紹一些影響妳們的性觀念和價值觀的因素：

♥父母

♥信仰和文化

♥媒體

♥朋友

♥學校

社會價值觀

價值觀會影響一個人的行為，例如妳可能會說出一些善意的謊言以避免傷害他人的感情，或者是妳會說一個天大的謊言來讓自己脫離險境等等，甚至妳會認為任意說謊也無妨，不管是因為什麼理由都無所謂。個人的價值觀對於每個人的一生影響深遠，包括性關係和兩性關係在內。

成年之後的人們會形成一套屬於自己的價值體系，而在青春期階段的年輕朋友則會開始注意到別人的價值信仰。青少年常會感到混淆，因為他們會從別人身上接收到許多矛盾的訊息。比如說我們在電視上會看到教大家如何做菜的節目，那些香噴噴的料理全部都是高熱量食物，可是在實際生活中我們卻被告知要多吃生菜莎拉、捨棄速食，因為健康食品對身體比較好。有人告訴我們一生要忠於一個屬於妳的真愛，可是電視上那些明星卻不停地更換愛人伴侶，換愛人的速度比換褲子還快。女孩們都相信要讓自己變得更性感些，這樣一來才能吸引住男人的目光，可是一旦妳跟他們上床之後，他們卻又把妳看得一文不值。到底該怎麼做才好呢？

父母

一旦妳們理解到自己也有性衝動的時候，妳們便可以體會父母親們一定有「幹過那檔事」，否則根本不可能生出妳們，因此父母親對於性的態度，對於妳們會產生很大的影響。

舉例來說，如果妳的媽媽早在青春期階段就意外懷孕生下

妳，即使妳的媽媽每天都告誡妳不要那麼早當媽媽，否則受盡折磨的妳會後悔莫及，但日後妳成為年輕媽媽的機會相當高，這是因為從小妳就像個海綿一樣吸收當一個年輕媽媽的所有知識：我的媽媽就是這樣生下我的呀！

要是妳的爸爸對妳的媽媽非常地溫柔而且尊敬的話，我相信日後妳跟男朋友的關係也是如此；如果妳是一個單親家庭的孩子，小時候常看到父母之間的爭吵，我相信妳日後大概很難真心去信任妳的男朋友。

如果妳的雙親從小對妳疼愛有加，很顯然地，妳會認為父母親應該會有幸福美滿的性生活，不用妳的父母親對妳明說，妳自然也會認為性生活是非常美妙的，有這種想法的妳將會變成一位很可愛的人，妳也會希望日後自己能夠擁有這樣的性關係。如果在妳小時候用手觸摸生殖器官時，妳的父母粗暴地將妳的手移開，或是妳的父母親總是分房睡的話，妳將會得到這樣的訊息：我的父母親之間根本沒有性行為！

許多研究顯示，大部分的青少年都希望能夠坦白地跟父母親之間談論性與性關係的問題，如果妳們想要多了解這部分的內容，有許多好玩的事情我會在第十三章繼續討論。

信仰和文化

每一個宗教對於性和性關係的態度都不一樣，但是有一點教義是共通的，那就是在性關係的彼此對待必須要尊重對方。

不管妳信奉哪一種宗教，都可以找最親近的宗教領袖談談關於性的問題，或者是找妳的父母談一談，也可以翻翻宗教書籍讀看看，或許可以藉由這樣的方式得到解答。這樣一來可以讓妳感到快樂，使性關係的發展符合自己的道德標準。不過一旦西方文明社會的自由發展趨勢與自己的傳統宗教和文化信仰產生衝突，妳可能會突然之間變得無所適從。

最普遍的問題就是，妳的宗教信仰不允許在婚前發生性行為，或者是不允許妳與不同宗教信仰的人結婚。要是這樣的話，可以將這些問題跟妳的好朋友、老師和其他能夠信任的大人討論一下，因為這些問題並不容易解決。另外，網路上也有許多資訊可以提供給妳參考，或許能幫助妳解開心中的困惑，

但要特別注意，在網路上千萬不要留下個人資料、地址、電話號碼、學校名稱和姓名。

　　只要妳已經年滿十八歲，我想妳就可以獨立做出自己想要的決定，家人的意見只是作為參考，如果妳與家人的意見相左，可能需要經歷一番艱難的溝通過程，因此我建議妳可以找一些與妳站在同一陣線的親友來支持妳，這樣一來便能夠成為妳最佳的有力後盾。

媒體

　　關於媒體對於自我身體意象的影響力，我們在之前已經討論過了，比如說女孩們都認為透過外科整型手術會讓自己變得更美麗，媒體上所出現的女孩都如此聰明有造型，那些吃著酵母菌減肥餐的名模個個都身材窈窕，雜誌上用柔焦處理過的廣告代言明星照片幾乎都完美無瑕，因此一旦妳們自己發現無法達到這樣的百分百完美標準的時候，通常會覺得非常沮喪。

　　除非住在荒島上，否則妳永遠會被這些停止不了的性感影象疲勞轟炸。沒必要理會！那些性感的影像只是跟事實不符合的幻覺，當妳坐在沙發上看到這些影像的時候，很容易想模仿眼前如此漂亮美麗人們的一切，但是當我們回到現實生活中，必須要了解到任何人都應該滿足於個人的現狀。隨著年紀增長，妳會漸漸地脫離媒體的影響，更加以原本的自己為榮，老實說，知足常樂！

朋友

當妳長大慢慢脫離家庭獨立之後，朋友便成為妳最強而有

力的依靠以及學習的榜樣，受到朋友的喜愛以及群體的接納是人際關係中非常重要的一件事情。我們都會選擇和自己所喜歡的朋友在一起，但是這些朋友不一定適合妳，要是妳在群體之中表現得格格不入的話，很有可能被同儕訕笑排斥，所以我們在與朋友相處的過程中，往往很難表達出自己內在的真正感情和想法。

青春期的少男少女之所以想與人做愛發生性關係，有時候並不全然是因為想做，卻是外在環境的壓力使然。根據研究顯示，男孩因為同儕壓力的緣故而失去童貞的比率是女性的兩倍，而女孩在面對男朋友不斷的戰術性施壓而屈就委身的比率則比男生高。

如果只因為妳的朋友們都有男朋友，所以妳也因此去交一個男朋友的話，我認為大可不必，因為這樣一來跟在學校與同學互相比較分數高低的心態沒有兩樣。感情是彼此互信互愛的過程，所以這樣做對妳的男朋友也不公平。單身的妳會有更多機會讓妳了解自己，讓妳可以利用自己的聰明才智去實現人生目標。

學校

許多人都以為如果小孩子太早吸收性知識的話，會讓他們在青春期的時候提早失去童貞，但是研究顯示結果並非如此。那些從小便提早吸收正確性知識的孩子們，他們發生第一次性行為的年齡反而比那些聽朋友和媒體散發的錯誤訊息的孩子們還晚。

可惜並不是所有的學校都可以提供完整的性知識給學

生，很多學生都對於學校的性教育課程感到失望，因為課程偏重生理構造分析，對於兩性之間相處的感情面和情緒面著墨不多，很多老師根本是草草上過課就算了，而父母親也並不會特別針對孩子們的性教育問題為他們解釋。

當然妳也會透過同學的口耳相傳來探索性知識，所以校風保守或是開放，老師的個人價值觀等等因素，對妳的影響都很大。

確立妳的價值觀

本章節針對了可能影響妳對性的態度和價值觀的一些因素來討論，比如妳的家庭、朋友、宗教、文化、媒體等等。關鍵在於妳如何做出自己的決定來處理性問題，以及如何找到可靠的性知識來源來為自己解惑，或者是找到一些可以信賴的大人們討論。有些時候妳會很高興自己做出了某些決定，有些時候則會有點後悔，但是不論如何，這些都將是妳人生中所上過的寶貴一課。

第  章

關於情緒的問答題

以下是最常遇到的一些情緒問題：

♥ 我的好朋友都已經發生性關係，我可以嗎？

♥ 如何說服父母讓我跟男朋友碰面？

♥ 是朋友還是愛人？

♥ 如何擄獲年紀比我大的男生的心？

♥ 每個男生的腦中都只想到性嗎？

♥ 為什麼我的男朋友喜歡看黃色書刊？

♥ 什麼樣的男孩最誠懇？

我的好朋友都已經發生性關係，我可以嗎？

我最好的朋友跟我常常一起與另一名男孩出門約會，我那位最好的朋友最近跟這個男生發生第一次性關係，而他們也建議我應該找個男朋友發生性關係。我自己不知道該怎麼辦，我的朋友們都已經超越我了，我很擔心以後無法被他們所接納。

要是我遇到妳這兩位朋友的話，我會敲敲這些迷途羔羊的腦門跟他們說：我自己有自己的決定，而且我還沒有準備好發生性關係！為何妳那位朋友會慫恿妳這麼做呢？我認為還有一個可能性，那就是當她與男朋友發生性關係之後覺得非常後悔，甚至有點內疚，所以她要妳也跟她一樣這麼做，以減低她內心的罪惡感。日後隨著妳們年齡的增長，回想這段內心煎熬的日子時，或許妳會覺得當初的決定是很成熟的。身為好朋友的妳，也可以給她一個良心的建議，那就是不要因為莫名其妙地發生了一次性關係之後，就開始與其他男人繼續發生這樣的事情。同儕的壓力的確很大，妳要是不跟她們一樣的話，通常都會受到排擠，所以很多人都會因此去做一些自己根本百般不樂意去做的事情，說穿了，都是為了愛面子。我建議妳一定要保持堅定的立場，相信妳的朋友也會開始學會尊重妳。

如何約會？

我今年十六歲，有兩個姐妹，我上的是女子學校，所以我根本不知道如何去跟男生進行接觸，我很想有機會去約會，時常跟男生出去玩，妳知道怎麼找到男生常出沒的地方嗎？

　　先不要急著跟男生約會，要試著學習先跟他們交朋友，建議妳跟男孩們多相處，然後再進一步變成男女朋友。通常與妳談得來的男孩子，最後便很有機會變成妳的男朋友。要是妳很內向不願出門多走走的話，甚至連女性的知心朋友都很難交得到。我認為妳的問題應該出於日子過得太寂寞，而不是有沒有男朋友。趕快讓妳的社交生活熱絡起來吧！可以常去地方圖書館逛逛，或者是加入各種社團與別人相處，不管是運動、音樂、讀書會等等團體都是不錯的選擇。多多與朋友交談，學習當一個很棒的傾聽者，用尊重的態度對待他們。任何關係的第一步都必須從做朋友開始，多多練習之後，自然就熟能生巧。

我如何説服我的父母讓我跟男朋友碰面？

我媽在家裡看到我男朋友留下來的保險套，知道我倆曾經發生性行為，所以從此禁止我跟他碰面。我男朋友十七歲，而我十五歲，我老爸甚至威脅我男朋友，要叫警察來將他繩之以法，除非我答應跟他分手。我男朋友上晚班，所以他只有白天有空，我只能翹課去跟他見面。其實我並不想讓我的父母親失望，我該怎麼做才好呢？

能夠說服妳爸媽的最好方式，就是向他們證明其實妳是一個可以為自己行為負責任的人。如果妳常常翹課的話，不但不能夠解決問題，妳的老師可能會告訴妳爸媽，他們知道之後，對妳更加是失去信任了。沒錯，在法律層面上來說，妳父母確實可以告妳男友，所以我建議妳最好停止目前的性行為，妳們暫時還是可以用電話聯絡，妳也要記得回學校上課。

只要妳遵守爸媽的遊戲規則，他們便會再度信任妳，當然也會允許妳跟男友出門。對於管教小孩子的方法，有些父母親的意見並不一致，可能有一方比較好說話，所以只要妳能夠贏得其中一方的信任，自然而然地便能夠在他們進行意見溝通時得到後援的。或許他們也想見見妳的男朋友，只要妳的父母親跟他越來越熟悉，相信他們也絕不會反對妳跟他約會，不過一開始最好還是在家裡見面，他們會安心許多。

她只是要跟我當朋友而已，或是想跟我當愛人？

最近有個女孩搬到我住的這條街上，我們常常一起出去玩。可是有一天她在我門縫下面塞了一張字條，告訴我她是女

同性戀。我開始遠離她，深怕我們之間會發生任何讓我難堪的事。不過現在我卻很懷念當初我們是好朋友的日子，我該怎麼辦呢？

有些人認為，同性戀傾向的人很容易會對同性的朋友產生性衝動，這是不正確的，因為大部分的同性戀只會對相同傾向的人產生性的聯想。根據統計，大概有十分之一的人是同性戀，不過由於他們深怕受到歧視和粗暴的對待，通常都不肯挺身而出承認自己的身分。因此我認為這位朋友肯跟妳透露自己的同性戀身分，應該是鼓起了相當大的勇氣，所以妳更應該表現出妳的關懷與友情，來回報她對妳的坦誠不諱。要是妳反而因此疏遠她的話，我想這對妳們的友誼不是好事。妳可以告訴她，妳喜歡的是男孩；如果她還是強調說很喜歡妳，那麼妳們之間想要維持這份友情確實非常困難。不過，在事情都還沒解釋清楚之前妳就選擇離開她，這可能會成為妳終生的遺憾。

如何擄獲年紀比我大的男人的心？

我認識一位在我家附近加油站工作的二十歲帥哥，我無法停止想他。只要能夠待在他的身邊，我願意付出任何代價，即使他不想跟我出去約會，我也只求能夠當他的朋友就好。他對我很好，可是當我問他家電話號碼的時候，他就會故意閃避問題。我到底是哪裡做錯了呢？我今年十五歲，是因為我年紀太小的緣故嗎？

好的，想想看如果有一天妳在街上遇到他，他的身邊帶著

一個女孩子，並且跟妳說「這是我的女朋友」的時候，妳還能夠冷靜下來嗎？當妳喜歡一個人卻不能擁有他的時候，那種感覺會非常痛苦。年紀大的男人通常很有魅力，他們比較有趣，而且比起跟妳同年紀的男孩來說，他們有比較高的社經成就和地位。

要把一見鍾情的感覺化為真正的戀情，就必須讓自己亢奮的情緒先冷靜下來，暫時先與對方保持一段安全的距離。這樣做當然是有點殘酷，但是他應該可以理解，並且提醒妳不要做出一些傻事，這才是一個負責任男人的表現。要是妳每天黏得他喘不過氣的話，小心他連朋友都不想跟妳當了。

每個男生的腦中都只有性嗎？

我真的很想交一個男朋友，但是我身邊的男生全都只會想到性，要是我不給他們的話，他們馬上就會去找別人。我跟我的朋友都想要了解是不是所有的男生都是如此呢？

那些男孩的目的是想要向朋友證明他們的男子氣概，可是他們的性伴侶卻常常因此感到受傷、不被尊重。通常女孩子的情感成熟度比男孩要早許多，要的是一段在年輕時便能夠彼此承諾的感情；男生只重視性卻不重視感情的壞毛病，一般來說會隨著年紀增長而慢慢有所改變，不要對他們太早失望。而且我相信，一定也有許多男孩跟妳一樣，相當重視雙方感情的培養，也很尊重妳的感覺，不會勉強妳去做任何不想做的事情。

為什麼我的男朋友很喜歡看黃色書刊？

有一天我在男朋友的抽屜發現了一大疊黃色書刊，為什麼他要看那些玩意呢？我嚇呆了，而且我不知道該怎麼跟他說才好？

黃色書刊和黃色錄影帶能夠激起人們的性慾，大部分的主角都是裸體女性，使男性讀者藉由視覺上的刺激達到興奮狀態。男孩子喜歡跟朋友們一起交換分享這些東西，或利用它們來自慰達到高潮，妳的男朋友可能就是這樣。

妳的男朋友並沒有特別的問題，偶爾看看這些東西無傷大雅，甚至有些性治療師還會拿這些玩意給一些性功能障礙的人觀看，讓他們學習如何達到興奮的感覺。不過如果妳的男朋友每天沉溺在其中，忽略了與妳實質的關係進展，那麼事態可能就真的比較嚴重了。妳當然有權對妳的男朋友發出抗議，告訴他妳對於這件事情的感受，希望他能夠設身處地為妳著想。萬一他仍舊我行我素的話，或許妳可以考慮是否還要繼續跟他約會。

什麼樣的男孩最誠懇？

以前有些男生會問我要不要跟他們約會，當我回答好的時候，他卻轉身離開，而且還跟他的哥兒們一起嘲笑我。現在我根本不敢答應任何男生的約會要求。但如果有男生對我是認真的，怎麼辦？我到底如何辨別呢？

　　光憑第一眼絕對沒辦法認清一個人是否值得信任，唯一
能夠證明這個男孩值得妳信任的方法，就是多花點時間來了解
他，並且觀察他對妳的態度。首先，不要對任何男孩有先入為
主的成見，給他一點點的信任；沒有必要馬上跟他單獨約會，
一群人出去的時候，仔細觀察他在團體中所表現的行為。

　　如果男生可以做到：約會守時、重承諾、說實話、不隨
便張揚與妳的親密關係、以尊敬和體貼的心來對待妳，那麼他
應該就值得妳信任。好男孩真的很多，給自己更多的機會去選
擇，同時也給他們一個機會。

第三單元

妳與性

第 9 章

妳準備好要享受性了嗎？

　　當妳決定要發生性關係之前，必須先考慮所有的風險和責任，畢竟這是妳人生過程中所跨出的重要一步。

　　要怎麼知道自己已經準備好了呢？這個問題只有妳自己可以回答，本章節會提出幾個關鍵讓妳思考：

♥是不是處女很重要嗎

♥我想要發生性關係

♥如何選擇正確的時間和正確的人

♥想要發生性關係的差勁理由

♥我後悔了

妳的第一次

除非有性器官插入行為，否則妳仍算是完整的處女，如果妳是因為使用衛生棉條、或是使用手指自慰，甚至是因為激烈運動而導致處女膜破裂，這些都不會構成妳已經失去處女的條件。許多性學專家更指出，插入後的男性生殖器官必須射精，才構成妳已經失去處女的要素。

有些人認為在發生第一次性行為之後，代表自己已經成功地「轉大人」了，但事實上一個真正成熟的大人需要時間的磨練，對自己有深入的了解，而且能夠在發生性行為之前深思熟慮，而不是莽撞行事。要是妳只是為了發生性行為而與人發生性行為的話，我認為妳根本還沒做好心理準備。

「第一次」是一種非常特別的感覺，會讓妳一輩子都牢牢記住。如果妳跟他彼此深深的相愛，即使後來因為某些原因而分手，妳還是會感受到那股濃情蜜意，而不是讓妳的心中充滿悔恨與怨懟。所謂覆水難收，付出的所有一切事後便永遠難收回，要是妳的第一次性經驗是一段非常痛苦回憶的話，妳可能會在往後的數年之中，對於性這件事感到無比恐懼。

那些後悔自己太早發生性行為的青少年，在當時通常都還沒做好心理準備，當初之所以會做這件事，都是因為伴侶的堅持和要求才不得不配合的。

或許妳有虔誠的宗教信仰或文化價值觀，也有可能是個人因素使妳認為不應該與人發生婚前性行為，不論理由是什麼，都應該擇善固執，千萬不要讓別人影響了自己的判斷。如果妳

選擇了隨波逐流地隨便與任何人發生性關係，不僅會讓自己失望，甚至連家人都會對妳失望，這樣做值得嗎？

發生第一次性行為之後，情緒上可能會很焦慮，擔心懷孕和性病傳染等嚴重問題。如果妳在伴侶提出要求時拒絕他，可能必須面對他的憤怒，關於這一點妳必須要有相當的心理準備。關於這一點，我會在第十三章中詳加說明。

即使妳在朋友圈之中是最後一個處女，也不要因此隨便找一個男孩子。要是身邊的朋友拿這個問題來取笑妳，妳可以告訴他們管好自己的事情就好，妳應該為自己成熟的心智感到自豪。

正確的時間和正確的人

性關係會引發許多令人難以置信的情緒問題，如果妳可以跟一個深愛的人發生性關係，而這個人也同樣愛妳的話，這種彼此相愛的感覺真的是棒透了！但是如果妳跟一個不是妳所愛的人發生性關係，妳可能會感到羞愧，伴隨而來的一切後果都不對勁。所以找到一個與妳真心相愛的人來發生性關係，是一件非常重要的事情。

年滿十六歲的人發生性行為是不違法的，但是如果妳還沒有準備好的話，十六歲並不是一個必然的魔術數字，因為每個人心智成熟的階段都不一樣。所以不要只是因為妳已經滿十六歲，就急急忙忙胡亂找一個對象發生性關係，耐心等待是最明智的選擇。

想要與某人發生親密行為，性關係並不是唯一的選擇，妳

可以採用擁抱、親吻和愛撫等方式來達到同樣的目的。

妳真的想要嗎

如果妳真的想要發生性關係的話，請回答下面的問題：

◆ 妳是否能夠用平常心說出例如保險套、陰莖、陰道、性等等
字眼，絲毫不覺得羞恥？要是妳對於這些基本的性常識還覺
得彆扭的話，那麼妳可能根本還沒做好發生性關係的準備！
在發生性關係之前，妳必須跟伴侶充分討論妳的想法跟內心
的恐懼，同時也要充分溝通關於使用保險套和避孕等等細
節，這樣一來，才能夠完成妳一生中最美好的第一次。

◆ 妳可以很有自信地去藥房買保險套而不會覺得很糗嗎？妳可
以大大方方地跟醫生護士討論避孕的問題嗎？妳有責任好好
保護自己，避免在第一次的時候懷孕或者是染上性病。

◆ 妳到底知不知道為何會懷孕？如何避孕和防止性病感染？這
些都是發生性關係之前的重要常識？

◆ 妳到底了不了解妳的性伴侶，妳對他是否能夠充分信任？如
果妳在最後關頭說不的話，他會不會強迫妳？請記得，最後
的決定權操之在妳！

◆ 妳們雙方真的在乎彼此嗎？妳必須對伴侶有充分的認識，不
管是在性關係發生之前還是之後，妳們仍然彼此相愛，不會
因為發生性關係而導致兩人的感情變質。要是不幸妳真的懷
孕或是染上性病的話，兩人是否能夠同心協力度過難關，彼
此相扶相助呢？

◆ 妳的男朋友會為了要跟妳發生性關係而對妳施加壓力嗎？如

果妳只是為了取悅對方，那麼在事後妳一定會後悔。

◆ 妳的男朋友是否曾經暗示妳，要是不與他發生性關係的話，
就會跟妳分手呢？他是否只想到性，卻忽略了妳是一個可以
獨立思考的完整個體呢？他是否只是為了要向朋友炫耀曾經
與妳發生性關係？一個真正尊重妳的人，不會採用威脅的手
段來對付妳。！

◆ 看到他的裸體會讓妳興奮嗎？要是妳連在眾人面前脫掉一些
衣服都會感到難為情，我想妳還沒有資格享受性。

◆ 妳是否了解各種不同方式的性行為？比如口交和完全深入的
性交等等，以及這些方式可能帶來的風險？如果不了解，可
以參考第十一章和第十八章。

◆ 如果妳現在發生性關係，會不會跟個人的價值觀、宗教、文
化相違背呢？如果是的話，那麼妳事後一定會後悔。

◆ 如果妳的父母知道妳與人發生性關係，他們會有什麼感想
呢？或許妳在當下並不想馬上告訴他們，但是未來一定會需
要他們的幫忙，所以最好先了解一下他們會做何反應。如果
他們覺得妳還太年輕了，那麼妳最好能夠好好地想想他們說
的話，而不是與他們唱反調。

◆ 妳是不是對於性這件事還有疑慮？如果有的話，請先等到心
中的疑慮解除之後再做吧！

　　關於上面這些問題，要是妳可以很輕鬆自在地回答，那麼
妳應該已經做好準備了。

想要發生性關係的幾個差勁理由

之前我們已經談過在發生性關係前必須要考慮的幾個因素，現在我們來討論想要發生性關係的幾個差勁理由。

妳認為性是：

◆ 因為好奇而想要試試看？

◆ 想要讓自己不再是處女之身？

◆ 想要試試看自己是否有這份能耐？

事實上，妳的一生之中有很多機會，所以幹嘛急於一時呢？除非妳根本沒有陰莖或陰道，否則每個人都可以輕易地享受性關係，放輕鬆吧！

或者是：

◆因為對方很想要試試看呀！

◆為了要向對方證明妳的愛！

違反妳個人的意願而與某人發生性關係，根本不足以證明妳真的愛對方。

或者是：

◆因為妳喝醉了！

如果妳是因為對於自己的行為無法控制，而在迷迷糊糊的狀態下與他人發生性行為，那麼這就真的太不值得了，絕對不要做出一些絕對會後悔的事情來。

後悔

約翰藍儂說過，生活之中有許多事情往往是在妳還沒準備好的時候就降臨了。妳希望在事前做好充分準備，但是有時候卻有某些突發狀況讓妳措手不及，於是事情就這麼突如其來地發生了，事後妳卻希望一切從來沒有發生過。

現在妳已經知道，在發生性關係之前絕對要深思熟慮，可是有時候人算真的不如天算。如果真的發生這樣的不幸，建議妳跟朋友談談，坦白面對它，不要太過自責，人活在世上，一定要繼續往前看。

如果妳持續感到消沉，建議妳一定要去找一些專業機構諮詢。

第 **10** 章

避孕知多少

　　只要妳已經準備好要發生性關係，妳就必須認真地準備好避孕措施來保護自己。發生性行為的同時也表示妳有可能傳染或感染性病，其中包括愛滋病，所以妳和妳的伴侶必須對這些性傳染病的知識非常熟悉才行，我在第十一章中會詳加介紹這些性傳染病的種類。本章的單元包括：

　　♥什麼叫做避孕

　　♥避孕的方法有哪些

　　♥事後緊急避孕法

什麼叫做避孕

　　所謂避孕就是以自然或人工的方式來預防在性行為的過程中讓自己懷孕。

　　以前只有已婚夫妻可以合法進行避孕，所以當時的男女如果想要避孕的話，必須有充足的證據來證明雙方是合法夫妻。隨著時代的進步，現代人不論是已婚或是未婚，只要個人同意，都有權利要求避孕，避孕的方法也越來越簡單。

　　有某些宗教不贊成避孕，因為它們的教義認為人類必須順其自然地傳宗接代，結婚之後才能有性行為，建立家庭的價值重於一切。不過，有的已婚夫妻其實已經生了太多小孩，只能在惶恐中繼續發生性行為，並且試著說服自己不會那麼倒楣又懷孕。這是不合時宜的觀念。事實上，適當的避孕是減低社會問題的方法之一。

妳有以下的迷思嗎？

　　避孕是唯一能夠防止意外懷有寶寶的方法，以下是關於避孕問題的一些迷思及錯誤觀念：

◆ 要是我沒有達到高潮就不會懷孕

◆ 在初經來潮前都不會懷孕（有些女孩在初次月經來潮之前就已經開始排卵了）

◆ 第一次性交通常不會懷孕

◆ 站著做愛就不會懷孕

◆ 發生性行為之後馬上跳一跳就不會懷孕

◆ 月經期間發生性關係就不會懷孕

◆ 體外射精就不會懷孕（陰莖在性交過程中會分泌帶有數千精子的前列腺液，也就是說陰莖一旦勃起插入後就會分泌精子，所以體外射精並不是非常保險的避孕方法）

◆ 事後用可樂、檸檬汁或其他液體沖洗陰道便可以避孕（其實精子在陰道游動的速度非常快，用任何液體來沖洗都無濟於事。而且這些液體會破壞陰道內益菌的平衡系統，反而容易產生細菌感染）

自然避孕法

　　每個月月經來潮前後都有一段時間是安全期，在這段安全期做愛的話，可以降低懷孕的風險，不過這個方法比較適用於夫妻，因為即使意外懷孕仍然可以考慮將孩子生下來。

　　想要計算安全期，首先必須定時測量體溫，密切觀察自己的生理反應。體溫表必須鉅細靡遺地完整記錄六個月，建議妳最好去請教專業的家庭計畫人員，才能夠將意外懷孕的風險降到最低，而且也能夠預防性傳染病的發生機率。

其他避孕法

　　能夠保證妳不會懷孕的唯一方法，就是不要發生任何性行為。所以一旦妳想要發生性行為的話，最好先熟悉所有的避孕方法，才可以讓懷孕的風險降到最低。下面有一些避孕的方法可以讓大家參考，這些避孕方法的主要原則，就是防止精液跟

妳的卵子接觸受孕。

　　大家都知道，最簡單的方法就是要求男生戴上保險套，保險套可以阻絕精液及其他體液進入陰道裡，除了可以達到避孕效果之外，也可以防止性病的傳染。如果妳與固定的性伴侶已經有了長時間的性接觸，而且也證實雙方沒有染上某種性病的話，或許可以開始考慮採取保險套以外的避孕方法。但是請大家一定要特別記住，要是對於彼此的性伴侶還不熟悉，或是常常更換不同的性伴侶，請一定要使用保險套，否則容易感染性病。

　　使用保險套是一種較為安全的方式，但事實上沒有所謂的百分百安全性行為，不管妳使用任何避孕方式，所有的性行為都有懷孕及染上性病的風險。聽起來似乎很惱人，不過妳要好好想一想，萬一不幸真的懷孕的話，手中抱著嗷嗷待哺小孩更痛苦。

　　有一些避孕方法是抑制荷爾蒙的分泌（例如避孕藥、避孕針、緊急事後避孕藥等），可以藉由破壞體內的女性荷爾蒙平衡狀態來達到避孕的目的，不過這些方法仍然存在一定程度的風險以及副作用，而且並不適用於所有的女生。如果妳想要深入了解這些避孕方式，一定要去請教專業的醫生和護士，詳細告訴他們妳的個人病史，這樣才能找出最適合妳的避孕方法。千萬不要貿然使用從其他朋友借來的避孕藥，這搞不好會讓妳生一場大病。

　　如果妳所選擇的各種避孕方法都不適用的話，千萬不要輕言放棄，或許妳只是需要經過一段時間的調適而已，最後妳一定可以找出最適合自己的避孕方法。

保險套

這是什麼？

保險套基本上可以分為兩種：男用保險套和女用保險套。男性保險套的使用率比較高。保險套通常是由橡膠、軟塑膠和乳膠所製成，男性陰莖勃起時剛好會符合保險套的尺寸。女性保險套的成分以軟塑膠居多，尺寸也較大，就像一個小袋子一樣，可以容納陰道內部的尺寸。

避孕效果好嗎？

男性保險套：如果能夠完全按照使用說明上的指示，會有百分之九十八的避孕成功率。

女性保險套：如果能夠完全按照使用說明上的指示，會有百分之九十五的避孕成功率。

為什麼沒有效？

男性保險套

◆ 可能有破洞
◆ 還沒戴保險套之前，陰莖就已經接觸了陰道
◆ 保險套滑落

女性保險套

◆ 保險套掉落

兩種保險套都有可能

◆ 沒有正確戴好
◆ 被手飾等尖銳物品刮破

使用保險套的好處

◆ 可以同時避孕及避免感染性病

◆ 沒有任何副作用（除非妳對橡膠、塑膠物質及殺精劑過敏）

◆ 從事性行為之前再使用就可以了

◆ 女性保險套可以事先戴好

◆ 如果使用男性保險套會影響勃起，此時可以使用女性保險套

◆ 男性保險套的外型和尺寸有很多種，各種大小的陰莖都適用

使用保險套的壞處

◆ 有些人對橡膠、塑膠物質及殺精劑過敏

◆ 戴保險套的時候會讓性交過程中斷

◆ 如果不習慣使用保險套的話，戴上保險套的時候可能會有笑
　場的尷尬狀況，所以平常就要學會如何使用保險套，以免在
　性交過程中讓雙方高潮降溫（聽起來有點怪，但是平常可以
　多練習，例如找一根香蕉來試戴看看）。

◆ 女性保險套的價格一般都有點貴

使用須知

　　所有的保險套包裝上都有詳細的使用說明，如果妳還不清
楚的話，可以請教醫生護士。盡量讓未使用過的保險套放在低
溫及乾燥的環境，保險套放在皮包或皮夾中的話，要注意不可
讓保險套因為擠壓而變形。詳細看清楚使用期限，千萬不要使
用過期的保險套，每一次的性行為絕對不要使用已經用過的保
險套。保險套拆封的時候一定要特別小心，不要讓尖銳的物品
或手飾將它刮破。

男性保險套

◆ 輕輕擠壓保險套前端將空氣排出，然後慢慢地將保險套戴上

◆ 在陰莖勃起後接觸陰道之前，就要將保險套戴上，並且將其套至陰莖底部

◆ 如果發現保險套沒有戴牢或開始鬆脫，請立刻換個新的保險套，因為前者的外緣可能已經沾上了精液，此時如果貿然進入陰道內便會有懷孕的風險

◆ 射精完要握著保險套底部抽出陰莖，這樣才不會讓精液流出來，滲入到陰道內部

◆ 將使用過的保險套洗淨後放至分類垃圾桶，不要隨便沖到馬桶內，否則可能會阻塞下水道

女性保險套

◆ 在陰莖還沒插入陰道之前就必須事先在陰道內部放好

◆ 放入保險套之前先讓自己躺平，將雙腿微彎擺在椅子上，這樣的姿勢會比較舒服一些

◆ 女用保險套的前端如同是一個塑膠袋的扣環，用姆指和中指將前端扣環壓緊，然後用食指把扣環中間的部分完全拉好

◆ 用另外一隻手將陰唇翻開，接著盡量把前端扣環壓到陰道底部

◆ 再度用手指確認前端扣環已經深入陰道底部

◆ 陰莖插入時必須確認保險套沒有滑落，因為女性保險套的材質較鬆垮，容易在性行為的過程中脫落

◆ 清潔的處理程序跟男性保險套一樣

相關問題

◆ 有些專業人士建議在進行口交的時候也要使用保險套，這是防止性病最有效的方法。即使殺精劑並不會對人體造成傷害，但是許多人認為口交所使用的保險套最好不要含有殺精劑

◆ 有些人為了讓插入時能夠更順利而使用潤滑液，可是幾乎所有的保險套本來就已經塗有潤滑液。千萬不要隨便使用嬰兒油、凡士林或乳液，因為這些東西可能會破壞保險套的組織，因而產生破洞

避孕綜合藥丸

這是什麼？

之所以叫做避孕綜合藥丸，是因為其中含有許多種具有避孕效果的人工藥物，例如黃體素和雌激素。

這些藥丸的最主要目的便是阻止女性體內的正常排卵過程，避免精子與卵子結合後著床懷孕。不過服用這些藥物也有一些後遺症，比如說妳的子宮頸分泌物會變得比較濃稠，而且服用這種藥物之後，妳的子宮壁會變得較薄，日後妳懷孕的機會或許會降低一些。

避孕效果好嗎？

一般來說具有百分之九十九的避孕功效，也就是說在一百個人當中，可能會有一位進行規律性生活的女孩不幸懷孕，如果沒有按照規定服用藥物的話，也會產生意外懷孕的風險。而且這些藥物並不能防止性病感染，所以請大家最好還是使用保

險套。

為什麼沒有效？

◆ 少吃了其中一顆藥丸！如果在十二小時內服用的話，或許還來得及。要是已經超過十二小時的話，趕快把忘記吃的那幾顆藥丸吞下，並且一定要使用保險套。事後最好再去醫生那邊請求協助，告訴他妳究竟疏忽了哪顆藥丸沒有吞下

◆ 服用藥丸的時間太晚

◆ 服藥完之後三小時內卻又將藥物吐掉，或者是在服用藥物二十四小時之內產生腹瀉的狀況。要是妳真的對這些藥物會產生不良反應，那麼就暫時在七天之內採用別的方式避孕，比如使用保險套

◆ 有些藥物會造成避孕藥的成分無法發揮作用，例如抗生素等等，所以在服用避孕藥物之前，最後去找醫生談談，如果妳正在服用抗生素的話，那麼在這七天之內便改採保險套避孕法

服用避孕藥的好處

◆ 妳的月經經期會比較短、流量比較少、經痛程度也比較低

◆ 不會干擾妳的正常性活動

◆ 可以減低經前症候群的症狀

◆ 可以降低骨盆感染風險，以及防止卵巢和子宮癌

◆ 許多女孩子發現這種藥物竟然可以改善青春痘的問題，的確市面上有一種治療粉刺的藥物叫做戴涅特（Dianette），它也宣稱具有避孕效果，不過這種藥物的避孕成功率並不是很

高，所以請妳們在使用之前還是要請教醫生的指示

服用避孕藥的壞處

◆ 每天都一定要記得吃

◆ 如果在三個月之內出現了下列的副作用，請妳務必暫停服
用：覺得想吐、體重增加或是減輕、頭痛、胸部疼痛、全身
無力、非月經期間的不正常出血。如果副作用超過了三個月
以上，請馬上找醫生幫妳開立其他的藥方

◆ 這些藥物不能防止性病傳染，所以請使用保險套

◆ 有一些罕見的副作用卻會導致十分嚴重的後果，例如動脈或
是靜脈血栓（有吸煙習慣的人特別要小心），甚至是乳癌和
子宮頸癌

◆ 如果妳患有嚴重的偏頭痛、高血壓、莫名的陰道出血（非經
期的出血或性交後出血），請不要服用這類藥物

使用須知

　　大略有兩種不同類型的避孕藥，第一種是一個月只要服用
二十一天的避孕藥物，在月經來潮的時候就暫時先不要服用；
第二種是不論月經是否來潮，每一天都要準時服用的避孕藥
物。有些藥物是從妳服用的第一天開始，便具有避孕的效果，
有的藥物則是需要服用七天到十五天之後，才會有完全的避孕
效果。

　　盡量在每一天的同一時間服用這些藥物，比如說在早上刷
完牙後。要是妳的服用時間不正常，而且延後了十二個小時以
上的話，請記得在之後七天內進行性行為的時候，一定要戴上

保險套，這是非常重要的補救措施。

黃體素藥丸（正常量或是小劑量）

這是什麼？

它的成分是人工黃體素，目的是使子宮內膜分泌物濃度增加，以阻止精子進入子宮內部著床，也會讓子宮內壁的厚度變薄，減少受精卵順利著床的機會。單純只吃黃體素藥丸的避孕成功率會比吃綜合避孕丸小一些，因為妳必須每天準時服用，同樣地，這種藥丸不能防止性病的傳染，所以請妳還是不要忘了戴保險套。

避孕效果好嗎？

學理上的分析認為避孕成功率高達百分之九十九，但是因為這種藥物必須嚴格控制每日服用時間的精確性，所以常常有一些較粗線條的女孩還是會不小心懷孕。

為什麼沒有效？

這跟服用綜合避孕藥的道理都一樣，只要服用的時間不規律，避孕率馬上大打折扣，如果妳超過三小時忘了吃藥的話，趕快吃下那一顆錯過的藥丸，即使連續吃兩顆也無妨。當然，請記得戴保險套。

服用黃體素藥丸的好處

◆ 沒有嚴重的副作用，也不會產生如同服用綜合避孕藥丸的血栓症危險，也就是對於吸煙者來說較為安全

◆不會干擾正常性行為

◆降低經痛，並且使月經流量較少，不會那麼痛苦

◆體質如果不適合服用雌激素（綜合避孕藥通常含有這種成分）的人，便可以使用黃體素藥丸

<u>服用黃體素藥丸的壞處</u>

◆必須在每天同一時間非常準時地服用，否則藥性會失效，所以記性不好的人不適合這種藥物

◆可能會造成經期時間不固定的現象，甚至會停經、或是月經來得特別快，如果這樣的話，試試看服用其他類型的黃體素藥丸

◆在服用的第一個月內，有些女孩會因此長粉刺或是感到胸部疼痛

◆有些女孩會因為卵巢積水而產生骨盆疼痛的現象，有些症狀則是會隨著時間慢慢好轉

◆無法預防性病，最好的方法還是戴保險套

◆要是妳有心臟病或是陰道莫名出血症狀的話，請不要服用這類藥物

<u>使用須知</u>

　　當妳月經來的第一天服用第一次藥物，便可以馬上有效避孕，記得每天一定要在固定的時間服用藥物，在月經來臨的這幾天內絕對要確實服藥。

避孕針

<u>這是什麼？</u>

有兩種避孕針注射方式：荷爾蒙避孕劑（Depo-Provera）和黃體素避孕劑（Noristerat），這兩種避孕劑會遏止動情激素並且降低性慾，有效期大概是十二個星期，黃體素避孕劑的有效期則是八個星期。這兩種藥物都可以控制妳的排卵、讓子宮內壁變薄、子宮頸分泌物變濃稠，但是這兩種藥物都無法防止性病，所以請記得一定要使用保險套。

<u>避孕效果好嗎？</u>

幾乎有百分之九十九的成功率。

<u>為什麼沒有效？</u>

因為打針的時間不規律，或是服用了其他藥物而產生干擾作用，所以盡量不要去藥房亂買成藥，尤其是含有抗生素的藥品，服藥前務必請醫生替妳開立處方。

<u>注射避孕針的好處</u>

◆ 這些藥物不含雌激素成分，所以並沒有太大的危險性，對於吸煙者很適合

◆ 不會干擾正常性行為

◆ 注射期間可以不用擔心懷孕問題

◆ 注射成分不是經由胃部吸收，所以不用擔心吐出來或是腹瀉問題

◆ 這些藥物可以防止子宮癌和骨盆發炎的疾病

◆ 如果妳不能服用雌激素的話（綜合避孕藥都有這種成分），
這是妳最好的選擇

注射避孕針的壞處

◆ 大部分的女孩子的經期都會因此而改變，月經變得不規律或
是期間過長等等，甚至會讓月經停止，也會常常出現陰道流
血的症狀。停止注射便會停止以上症狀

◆ 可能會增加體重、頭痛、長粉刺、胸部疼痛以及情緒不穩定

◆ 施打後的藥效會持續八到十二個星期，如果妳在這段期間產
生副作用的話，只好等到藥效消退才可能恢復正常

◆ 妳的月經和生育功能可能要等到停止服藥後一年才會完全恢
復正常

◆ 避孕針無法防止性病傳染，所以最好還是要戴保險套

◆ 如果妳本身正在服用其他藥物的話，避孕針就會失去效用

使用須知

這種荷爾蒙注射針必須將針注射到肌肉組織中，第一天月
經來的時候開始注射，一直到十五天之內都要每天注射，便具
有避孕的效果。

相關問題

如果妳患有嚴重憂鬱症，或是不想要讓自己的經期改變的
話，請不要嘗試。

避孕晶片

這是什麼？

這種有彈性的小軟管就跟小稻草一樣，只有四十毫米長、兩毫米寬，植入的部位是在手臂上方，目的是要抑止荷爾蒙進入血液循環系統中，也會使子宮黏膜分泌物增加來阻止精子進入子宮，子宮壁變薄避免著床，甚至會遏制妳的正常排卵，有效期是三年。這種晶片不能預防性病，所以請大家還是要戴保險套。

避孕效果好嗎？

大約有百分之九十九的成功率。

為什麼沒有效？

有些藥物會破壞它的功用，例如抗生素，所以服藥時一定要請醫生開處方籤，並且為妳做最好的建議。

植入避孕晶片的好處

◆ 因為這種晶片不含雌激素成分，所以並不會有任何副作用，吸煙者很適用

◆ 不會干擾正常性生活

◆ 三年內都有避孕功效

◆ 可以預防骨盆發炎的毛病

◆ 這些晶片的藥物作用不是經由胃部吸收，所以不會因為妳吐或是拉肚子而失去避孕功效

◆ 如果女孩子不能服用含有雌激素的綜合避孕藥的話，這是很好的選擇

植入避孕晶片的壞處

◆ 大部分的女人經期都會因此改變，時間也會不正常，甚至完全停經，或者經期變長、血量增多
◆ 可能的副作用包括體重增加、頭痛、長痘子、胸部疼痛等等
◆ 可能會覺得很沮喪，心情不穩定
◆ 把晶片拿出來的時候可能會留小疤
◆ 不能防止性病傳染，所以還是要用保險套
◆ 如果妳有服用其他藥物的話，最好不要使用

使用須知

醫院的醫生和護士會先將妳的手臂麻醉，確保植入手術不會造成妳的疼痛。通常會在妳月經來的第一天動手術，動完手術後馬上就會有避孕效果。三年後醫生會幫妳取出晶片，但如果這三年內妳想取出的話也可以。

子宮環與子宮帽

這是什麼？

子宮環與子宮帽是安放在子宮頸口的地方，以防止精液從此處進入子宮，通常這種東西必須要配合殺精劑使用，這種殺精劑會完全扼止精蟲活動力。這類的東西是有彈性的橡皮套製成的，子宮環的體積比較小一點。

避孕效果好嗎？

　　如果一切的安裝程序都沒問題的話，大概有百分之九十二到百分之九十六的避孕率。

為什麼沒有效？

◆ 沒有安裝好

◆ 沒有使用殺精劑

◆ 使用後超過三個小時才發生性行為，而且沒有使用殺精劑

◆ 第一次性行為使用後又接著發生第二次性行為，而且沒有使用殺精劑

◆ 使用六小時後沒有取出來

◆ 使用嬰兒油之類的物品，破壞了子宮環與子宮頸的橡皮組織

使用子宮環的好處

◆ 只需要在性行為前裝上就行了

◆ 不會有任何副作用

◆ 防止子宮癌和部分性病

◆ 在性行為之前隨時放入即可（如果超過三小時以上，要在上面塗抹一次殺精劑）

使用子宮環的壞處

◆ 可能會干擾性行為

◆ 濕黏的殺精劑可能會讓妳和性伴侶感到不適

◆ 每一次性行為時都要記得多塗點殺精劑

◆ 要學會安裝這些玩意可能要多花一點時間

◆有些人會感受到膀胱被異物擠壓，如果是這樣的話，妳可以
　再裝一次

使用須知

　　醫護人員會詳細地替妳檢查，並且會告訴妳適合用子宮帽
或子宮環，以及妳適用的尺寸為何。這兩種避孕器材的安裝方
法略為不同，但是基本要領都差不多，首先一定要記得塗抹殺
精劑，然後用手指輕輕地將其推入陰道底部，確定其完全將子
宮頸口覆蓋住。不管妳是使用子宮環或是子宮帽，絕對不要在
性行為事後三十個小時仍未將其取出，取出後也一定要洗乾淨
放在乾燥盒中。

相關問題

　　在月經期間也可以使用這類的避孕用具，並且可以幫助妳
吸收經血，可是一旦妳發現自己的體重下降了三公斤以上的時
候，妳可能必須再跑一趟診所，更換避孕器的尺寸才行。

子宮內避孕器

這是什麼？

　　基本上有兩種子宮內避孕器，第一種IUS的形狀比較小、
扁，有點像是英文字母的T形狀塑膠物質，內含有女性荷爾蒙
的黃體素；另外一種IUD則是銅質的產品，樣式比較多元。這
兩種產品都必須裝進妳的子宮內部，在子宮頸口會有一兩條細
線，以確保妳的安裝沒有問題。

　　剛剛介紹的第一種避孕器主要含有的荷爾蒙黃體素，也是

讓子宮頸的分泌物增加，使得精子進入子宮的難度增加；同樣地也會使子宮內壁變薄，精子要著床便會十分困難。

　　第二種不含有任何黃體素成分，它的目的只是要防止卵子成熟，可是萬一有漏網之魚的卵子成熟的話，它在子宮頸口的流蘇邊會防止精子和卵子的結合。對了，不管是IUS或是IUD，都不能防止性病傳染，所以一定要使用保險套。

避孕效果好嗎？

　　IUS跟IUD一樣都具有百分之九十九的避孕效果。

為什麼沒有效？

　　只要妳安裝妥當，甚至連服用抗生素也不會妨礙其避孕功用。

安裝子宮避孕器的好處

◆ IUS並不會產生任何後遺症和副作用

◆ IUS的功效至少有五年之久，IUD大概是三到十年，那要看妳所裝的產品樣式而定

◆ 不會干擾到性行為

◆ 裝置完三個月後，妳會享受到免除經痛的好處，經期也會變短，經血也會變少

安裝子宮避孕器的好處

◆ IUS安裝後的前三個月可能會出現月經期間不規則的出血問題，可能也會頭痛、長粉刺、胸部疼痛。有些女人的卵巢可

能會排出濾泡，但是過一段時間後情況就會自然好轉。如果妳有肝病、未根治的性病，或者是莫名的陰道出血狀況的話，請先不要安裝

◆ 安裝IUD幾個月內，妳的經期可能會拉長時間、血量增多、經痛程度增加，並且有可能引起骨盆感染的問題

◆ 這兩類的避孕器在安裝完畢之後，都有可能一不小心從子宮頸口掉出來，如果發生上述狀況的話，記得要趕快去醫院看診。醫生通常會告訴妳，每個月至少自我檢查一次，摸摸看那兩條細繩是否還在子宮頸口處，就可以確定是否不小心掉出來了

◆ 這種情況雖然很罕見，不過這兩種類型的避孕器還是有可能會穿破子宮壁或子宮頸口，這個時候妳就可能必須要動外科手術了

◆ 這類的避孕器無法防止性病，所以請妳最好使用保險套

使用IUD或IUS

在月經末期或是結束後適合進行裝置，醫護人員會詳細檢查妳的子宮內部尺寸，並且會在裝置過程中讓妳服用止痛藥或是施打麻醉劑。裝置完畢的幾天後，要是有陰道流血或是類經痛的症狀是很正常的。IUD裝置完畢後馬上就會有避孕效果，IUS則是要在妳月經來七天後才會完全發生效果。裝置完畢之後，醫護人員會教妳如何在每個月固定時間進行自我檢查裝置器是否還在。

避孕貼片

　　這是一種尺寸大約五公分的薄片，妳可以將其貼在皮膚上。它的功用主要含有黃體素和雌激素，效果跟綜合避孕藥一樣，可以抑制妳每個月固定的排卵，並且讓子宮頸口的黏液變濃、子宮壁變薄。但是同樣地它也無法防止性病感染，所以請妳一定要戴保險套。

避孕效果好嗎？

　　大概有百分之九十九的成功率。

為什麼沒有效？

◆ 可能是因為服用了某些成分不明的藥物，不過目前也還沒有足夠的證據能夠證明，藥物中的抗生素會導致這種貼片的避孕效果打折扣
◆ 貼片滑掉後，沒有再將其貼回去
◆ 忘記在固定的使用期限內更換新的貼片

使用避孕貼片的好處

◆ 不會干擾性行為
◆ 使用方法十分容易
◆ 會減低經痛和月經經血流量
◆ 藥物成分並不是經由胃部吸收，所以不會因為嘔吐或是拉肚子而使其失效
◆ 一個星期更換一次新貼片就可以了

使用避孕貼片的壞處

◆ 貼片貼的位置可能會被別人看到

◆ 可能會使皮膚過敏

◆ 無法防止性病，所以一定要戴保險套

◆ 副作用包括頭痛、想吐、胸部疼痛、情緒不穩、體重減輕或
變重，必須停止使用幾個月後情況才會好轉

◆ 使用貼片後的幾個月之內，可能會在月經來之前跟月經來之
後有不正常的出血狀況

◆ 儘管機率很低，但使用貼片就跟綜合避孕藥一樣，可能會有
許多嚴重的副作用，包括乳癌和血栓

◆ 使用貼片的時候最好不要服用頭痛藥，如果妳有高血壓或是
陰道不正常出血的現象時也最好不要使用

使用方法

　　在妳月經來的第一天便開始貼上貼片，只要選擇身體任何
部分沒有長出毛髮的地方貼上，通常都不會掉，因為這種貼片
的黏性很強。七天換一次新貼片，三個星期後，也就是下次月
經快來的時候，可以休息一個星期不用貼，但是不管七天後是
否仍有月經，請妳務必要貼上新貼片。

相關問題

　　如果妳忘了在月經過後馬上換新貼片，而且又超過了
四十八小時的話，請記得馬上再貼上新貼片，並且在未來七天
內進行性行為的時候使用保險套。另外要記得千萬勿使用乳液
或其他物質來進行性交潤滑用，因為這些不明的液體或許有可

能會破壞貼片的避孕效果。洗澡的時候可以先暫時將貼片拿起來，再等洗完後重新貼上，當然妳也可以貼著洗澡，不過請小心貼片滑落後要再重新貼上。肥皂並不會對貼片造成損害，不過弄濕後的貼片要記得擦乾。要是貼片滑落後超過了二十四小時妳才重新貼上，記得請使用保險套。

緊急避孕法

當妳使用以上所介紹的避孕方法失敗時，比如說保險套滑落、忘記正常服用避孕藥，甚至是在性行為的過程中根本沒有採取任何避孕措施的話，便可以採取這種緊急避孕法。

基本上有兩種方法，第一個是服用緊急避孕藥丸，第二個方法是馬上裝置子宮避孕器IUD。

緊急避孕藥丸可以馬上抑制排卵，如果卵子已經成熟的話，也可以防止與精子結合在子宮著床。

緊急避孕丸

許多人將這類的藥物稱之為事後丸，不過其實是有某種程度的認知錯誤，通常是在進行「未受保護的性行為」之後約七十二小時之內，服用這種藥物都會有一定的避孕效果，但是越早吃效果會越好。所以一旦妳根本不想懷孕的話，請妳一定要在性行為之後立刻尋求協助。這種藥丸所含的黃體素成分會抑制妳體內的排卵，但是如果卵子已經成熟的話，則會防止與精子在子宮內部著床結合。

避孕效果好嗎？

效果其實相當不錯，而且越快服用越好。通常如果妳在性行為之後二十四小時內服用的話，避孕效果可以達到百分之九十五，如果是在七十二小時內服用的話，那麼避孕效果只能達到百分之五十八。

為什麼沒有效？

◆ 如果服用藥物後在兩個小時內又將其吐出來，或者是藥物來路不明

◆ 超過了七十二小時黃金服藥期限

◆ 沒有按照服藥指示說明吃藥

◆ 在服用完緊急避孕丸之後繼續從事「未受保護的性行為」，或者是早在性行為發生之前七十二小時，就已經開始從事「未受保護的性行為」

服用緊急避孕藥丸的好處

◆ 如果妳從事未受保護的性行為，或者是使用其他避孕方法失敗的話，只要按照說明指示服用這種藥物，避孕成功的機會非常高

◆ 不會對身體造成長期傷害或者是致命危險

◆ 一般人都可以服用這種藥物。可是如果妳有使用其他藥物的習慣，或者是身體有任何重大疾病的話，取藥時請記得告訴醫護人員

服用緊急避孕藥丸的壞處

◆ 必須要等到下次月經來的時候，才可以確定是否有懷孕

◆ 可能還是會產生一些小小的副作用：頭痛和想吐。另外大概有百分之六的女孩子會產生全身無力、肚子痛和胸部痛的問題

使用須知

　　服用藥物（通常會有兩顆，請記得皆要服用）請記得一定要在七十二小時之內。服用這種藥物之後，通常妳的月經會比平常來得快些，或者是比平常慢一個星期，有些女孩會在月經完畢之後，仍然有不正常出血的現象，出血量的多寡則要視情況而定。除了下面這些特殊情況之外，通常不需要再去看醫生：

◆ 月經來的時間慢了七天以上，經期過短，血量過少。這些狀況有可能代表妳已經懷孕了

◆ 妳的月經有不正常的狀況，而且肚子十分疼痛，這些狀況代表妳可能有子宮外孕的問題

◆ 妳覺得有感染性病的風險

相關問題

◆ 每一次的服藥只能確保一次的避孕效果，如果妳又接著發生多次的性行為的話，建議妳使用其他的避孕方法比較妥當

◆ 最好是平常使用其他較能夠信賴、較簡單的避孕方法，這種緊急避孕藥是萬不得已才吃的，萬一妳平常根本都不避孕的話，請記得開始為自己找一個最適合妳的避孕方法吧

◆平常不要亂吃這種藥，尤其是根本沒有發生未受保護的性行
為的時候

IUD

　　這種子宮內裝的避孕器，在發生未受保護性行為五天內使
用皆可，它可以抑制卵子的成熟、受精卵在子宮內部的著床。
這種緊急避孕法的成功率幾乎高達百分之百，而且在五天之內
都有效。不管妳的月經是否有來，妳可以在裝置完三個星期到
四個星期後回診，如果月經來的話，便將其取出，但是當然妳
也可以選擇日後使用這種長期的避孕方法。

第  章

性病與妳的健康

　　每個人都應該快樂地享受性愛，但是性病是必須用心預防的，尤其是一些未經世事的青少年朋友們更要小心。了解防止性病的知識是非常重要的，這不只是保護自己，同時也是保護妳的性伴侶。

　　本章節包括：

♥ 處女也會染上性病？

♥ 懷疑自己有性病的時候該怎麼辦？

♥ 性病的種類有哪些？

處女也可能感染性病？

常常有人問我這個問題，處女到底會不會得到性病呢？答案是會的。男女之間並不一定要有實質的插入性行為才會導致性病，有時候只是彼此撫摸性器官也會不小心感染到性病。例如陰道疣這種病毒就會透過手指傳染，陰道疱疹則會透過口交的方式感染。每次當妳認識新的性伴侶的時候，請妳們最好都去性病中心檢查一下最安全，當然如果妳怕羞的話，妳不見得要跟他一起去。

當妳到診所進行檢驗的時候，披衣菌感染、陰道疱疹、淋病、梅毒都是必須做的例行檢查，醫生也會詢問妳是否有從事口交性行為，詢問妳的性行為對象身分，如果初步檢查發現妳有一些異樣症狀的時候，妳就必須進行更深入的檢測。關於醫護人員上述的問題詢問，請妳務必坦誠回答。

一般的性病症狀

雖然很多性病都不會導致明顯的症狀，尤其是染上性病的女孩子更是比男孩子不容易出現異樣症狀，但還是有一些小地方可以注意：

◆ 小便感到疼痛或灼熱

◆ 性器官疼痛

◆ 進行性行為時會疼痛

◆ 小便次數頻繁

◆ 性器官有不明分泌物，味道重且黏稠，液體顏色為黃色、白色或黑色

◆ 性器官長疹子、發癢、長水泡、會痛或是長腫塊

◆ 女孩子在性行為之後出血，非月經期間出血

　　平常妳要常常檢查自己的生殖器官外表是否有異樣，是否會發出異味，是否會分泌不尋常的分泌物，這樣才會知道到底哪裡有問題。

　　要是妳曾經出現了以上的一些症狀，但是後來又自行痊癒的話，妳還是要去看醫生，因為如果妳們的確染上了性病，這些病毒早已存在於身體內，遲早還會再發作。性病不會自行根治，一定要去診所治療。有些性病只要好好進行治療，很快就會根治，而且越早治療效果越好，如果拖了太久才就醫，那麼療程也會多費許多時間，尤其是女孩子一定要特別注意，這些性病病毒甚至會破壞妳的生殖器官，甚至導致不孕。

感染性病該怎麼辦？

◆ 除非診斷證明妳的性病已經完全痊癒，否則盡量不要跟任何人發生性關係。

◆ 妳的性伴侶必須盡快去接受檢查，否則妳們兩個人可能會交叉感染，醫護人員會教妳如何跟性伴侶解釋，所以請不要擔心對方會因此不高興。

◆ 妳之前的性伴侶可能也有感染性病的風險，所以他也必須去看醫生。當然這種事情是相當難以啟齒的，所以妳可以告訴

醫護人員對方的名字和個人詳細資料，然後再請醫護人員去找對方來看診，當然妳的個人隱私會被保密。

認識性病

性病的種類大概有二十五種之多，我在書中談到的都是比較常見的種類，如果妳想確定妳是否感染性病，最好的辦法就是去求診。相關的醫護人員都很樂意為妳看診。

妳可以到性病防治所和家庭診所尋求協助，或者是先打電話詢問距離妳家最近的性病專科診所看診，所有的診所都會保護妳的隱私，不用擔心個人資料會外洩。

披衣菌感染

這是一種細菌感染型的性病，可能是透過陰道內或精液內的體液而傳染，包括插入性行為及口交都會感染這種性病，尤其是許多初嚐禁果的青少年朋友更常見。如果這種性病不趕快治療的話，可能會對妳的健康產生極嚴重的影響。這類性病並不會引發子宮癌，但是卻有可能會引起骨盆發炎，許多女孩會感到下腹疼痛，久未治療的話甚至會導致不孕症。

感染症狀

幾乎有百分之七十的女人和百分之五十的男人並不會有任何感染症狀出現，所以很多染上這種病的人根本不自知。但是在感染後的一到三個星期內，或者是數個月之內，還是可以注意到一些異常現象：

女孩：會有異常的陰道分泌物、小便疼痛、非月經期間出血、下腹疼痛、性行為後流血、性行為疼痛

男孩：可能會從尿道分泌出一些深色或白色的水性物質、小便疼痛、睪丸腫脹疼痛。

檢查和治療

醫護人員會用紗布從妳的患處取檢體，然後再取尿液樣本進行檢測。治療方法主要是抗生素。

如何預防

包括口交在內都盡量使用保險套，有一種不含殺精劑的口交用保險套，在一般的家庭計畫中心和診所都可以取得。

陰道疱疹

基本上有兩種疱疹病毒：HSV1以及（Herpes Simplex 1）HSV2（Herpes Simplex 2），大部分的生殖器官疱疹都是屬於HSV2類型的，HSV1型的疱疹通常是長在臉上的。但是因為目前透過口交傳染的途徑越來越普遍，所以臉上長疱疹的患者也比以前多了更多，因此長在臉上的疱疹通常都有這兩種類型的病毒。

大部分的人只會在同一時間感染一種類型的病毒，但是與妳有任何接觸的伴侶，跟妳感染到的病毒可能屬於不同類型。這兩種類型病毒的特徵很相似，所以為了要確認妳所感染的是哪一種類型的病毒，最好去診所檢驗。

為何會感染這兩種類型的病毒呢？原因是妳跟患者有插入

性性行為，或是妳跟患有臉部疱疹的患者進行口交，或是妳被某位患者的手指碰觸到生殖器官。這類病毒並不會從生殖器部位及臉部擴散到身體的其他部位，病毒只會停留在患部。

感染症狀

如果妳感染這種病毒的話，通常會在感染後的第二天到第七天出現一些症狀（少數人不會），比如說頭痛、背痛、發燒，有些人則會在患部出現皮膚癢、灼痛或是有膿液流出。如果是生殖器病毒感染的話，可能會產生陰道、子宮、子宮頸、屁眼、陰莖等部位的疼痛，小便時也會產生灼熱的感覺。這樣的症狀可能會持續兩星期到四星期，接下來妳可能會覺得自己已經痊癒，因為所有的症狀好像都已好轉，但是過了一段時間之後可能會再度發作。由於這種病毒感染的症狀時好時壞，因此有許多人根本都不曉得自己已經感染病毒。甚至有部分感染此類病毒的人，一直到幾年後才出現異樣症狀，這是此類病毒跟其他性病的不同之處。

檢查和治療

當妳出現上述各種的異樣症狀時，妳便需要進行這類性病的檢測。不過這類的病毒基本上是沒有特效藥可以醫治的，不過有一種抗疱疹病毒的藥物，至少可以減輕發病時症狀所帶來的痛苦。一般來說，生殖器部位感染的病毒大概會發病一次到兩次，不過有些人卻會規律性地周期發病，尤其是生活壓力過大，或者是月經來潮的時候。這類的病毒可能會一直潛藏在妳的身體內，如果妳認為自己和性伴侶可能感染了這類型的病

毒，即使症狀十分輕微，我建議妳們還是必須到診所走一趟，並且盡量避免與他人發生性行為。

如何預防

使用保險套是最好的方法，但是患部長水泡的部位可能也會造成異位性感染。比如說有一個男孩的陰莖有患病的現象，要是與他發生性關係的女孩在性交過程中，讓陰莖部位的水泡破掉而流出保險套之外的話，這位女孩的陰道部位也有可能會因此感染病毒。所以請妳在未經過醫生治療之前，就貿然與他人發生性關係。

疣狀病毒

這種乳頭狀突起物的性病是由HPV病毒感染所引起的，這類的病毒十分多變，大概有多達一百種的變種病毒類型，它會在手部、足部和生殖器的部位造成感染。這種病毒基本上是透過性行為所傳染的，也有可能透過皮膚與皮膚的接觸感染，除了某些特殊的濾過性病毒以外，應該不會透過手指接觸到陰部而感染這類型的性病。

感染症狀

有些患者在感染初期可能根本沒有任何明顯的症狀，但是他們如果在這段期間與他人發生性行為的話，還是有可能會將性病傳染給別人。有些時候所出現的症狀非常細微，除非妳特別注意看，否則根本不容易發現。染上這種病的女孩，可能會在陰道口、陰唇及子宮頸附近發現乳頭狀的細微突起物。染病

的男孩們可能會在陰莖和睪丸一帶發現病癥，但是基本上透過口交方式傳染而在臉上出現病症的機率非常小，不過屁眼附近卻有可能會感染。

感染後的兩個星期到一年之間都有可能會出現以上所說的病症，這些病症並不明顯，也不會讓妳感到痛苦，所以很多人根本都不曉得自己已經染病，除非因磨擦而產生菜花狀的腫塊，妳才會知道自己已經得病。

檢查和治療

醫護人員會用酸性反應藥物在患部處理，好讓這些疣狀物的擴散面積變得十分顯而易見，然後再針對患部加以治療。醫護人員也會使用冷卻或加熱的外科雷射手術方式將這些疣狀物移除，一般的抗生素或是藥房買的藥品可能無法根治這類型的性病。

這類性病的治療需要耐心，有些人可能需要多次的重覆治療才能夠完全將病根除去，但是病毒潛伏在體內的時間可能是終生的。有些人不需要進行治療也會自然痊癒，但是這畢竟是相當少數，染上這類性病的人，我建議還是及早進行治療。

如何預防

雖然保險套是最好的預防性病方法，但是針對這類性病卻有防治上的漏洞。如果妳染上了這類性病的話，基本上還是要避免發生性行為。如果妳擔心自己可能感染到這種病毒的話，也請妳盡快去診所求診。

疣狀病毒與子宮頸癌的關聯

　　有些專家認為這類型的病毒會誘發子宮頸癌，但是如果早期治療的話，就不會產生這樣的風險。只要是年滿二十五歲以上的女子，每三年到五年之間最好進行一次子宮頸抹片檢查，但是如果妳曾經染上疣狀病毒的話，醫生會建議早點做子宮頸抹片檢查，這類的檢查可以及早測出妳的子宮頸是否已經產生異樣病變。

淋病

　　這是一種由細菌所感染的性病，其病毒型態跟披衣菌很類似，但是感染率卻比較低。它通常是經由插入性性行為及口交感染的，感染後如果不趕快治療的話，可能會引起身體其他地方極為嚴重的毛病。

感染症狀

　　百分之十的男人和百分之五十的女人在感染後通常不會出現明顯症狀，一般感染後出現症狀的時間，大部分是在十四天之後，有些人則會遲至一個月之後。出現的症狀包括如下：

　　女孩：下體會分泌水性的黃色或綠色不明體液，小便會感到疼痛，下腹部也會感到疼痛。

　　男孩：尿道會分泌水性的黃色或綠色不明體液，小便會感到疼痛，睪丸也會感到疼痛。

檢查和治療

　　醫護人員會用紗布在妳的患處取樣檢查，同時也會取妳的

尿液樣本,治療方法通常都以抗生素為主。

如何預防

使用保險套是最好的方法,包括口交在內也要全程使用保險套,不含殺精劑的口交保險套可以在診所及藥房取得。

B型肝炎

B型肝炎病毒的感染通常也會透過性接觸及體液、血液交換的方式來傳播,這樣的感染方式十分常見。

感染症狀

感染後可能會出現黃疸,眼白和皮膚都會變黃,但是有些人並不會出現症狀。

檢查和治療

抽血檢測是最有效的方法,但是這種病卻沒有特效藥可以醫治。有些人在感染後會暫時恢復健康,但是大部分的人都會帶原此類病毒一輩子,所以奉勸大家有空就到診所施打B型肝炎的疫苗。

如何預防

使用保險套是最好的預防方法,包括口交在內。甚至連男生幫女生口交時,都最好要求女方使用女性保險套。不過這種病毒的感染力真的太強了,包括親吻或共用一杯飲料和牙刷,都有可能會感染這類病毒。

HIV病毒感染與愛滋病

這種後天免疫不全症候群的性病會破壞體內的免疫系統，大部分的人都是因為在性行為過程中沒有戴保險套才會染上這種性病，除了性行為的傳染模式以外，體液和血液的交換（包括月經的經血、精液、陰道分泌物、乳汁、汗水）也有可能傳染，不過一般尿液所含病毒數量並不是很多，所以透過尿液傳染愛滋病的機率非常小。共用針頭的毒癮患者是高危險群，懷孕的媽媽可能也會將愛滋病傳染給小孩，包括生產後的餵奶乳汁都含有愛滋病毒。

感染症狀

感染之初可能會發高燒，扁桃腺發炎以及夜晚盜汗，但是之後十年內的潛伏期可能沒有任何明顯的症狀。不過病患的身體會隨著病毒的侵入而逐漸降低免疫力，有可能併發如肺炎的疾病，所以要是感覺到身體有上述症狀的話，建議及早去做愛滋病病毒測試。

檢查和治療

醫護人員會先採集妳的血液樣本，不過許多人因為在感染後的三個月內是空窗期，所以有時候在這段期間所進行的測試可信度不高，所以必須要在三個月的空窗期過後再進行一次有效檢測，許多空窗期的患者仍然具有散播愛滋病毒的危險性。

目前並沒有特效藥來治療愛滋病，只有一種增強體內免疫力的藥物可以幫助病人延緩病況的惡化，要是妳有適當的服用

藥物的話，通常存活率也會增加，大概至少有十年的時間可以比較健康地過生活。醫護人員發現，有些經過治療的病患，雖然他們早已感染了HIV病毒，但是卻一直沒有任何發病跡象，醫護人員將這種病毒稱之為「進化過後的變種HIV病毒」。

這種病的治療成績目前不是十分清楚。也正因為如此，愛滋病目前被認為是一種不治之症，一旦感染病毒之後，便終生無法將此病毒自體內消滅殆盡。

如何預防

全程使用保險套是最有效的方法。

一般細菌感染

這類型的生殖器細菌感染包括陰道感染、尿道感染、直腸感染等，並不是所有的感染都是透過性行為產生的。

感染症狀

染病後的女孩通常都會出現陰道分泌物不正常的現象，男女都有可能在肛門和尿道產生不正常的分泌物。生殖器的部位可能會感到疼痛，小便時則有灼熱的感覺。

檢查和治療

醫護人員一般都會先用紗布在患部採集檢體，並且使用抗生素治療。

如何預防

使用保險套是最好的預防方法，包括口交在內亦然。

陰蝨

陰蝨通常都喜歡躲在濃密的毛髮內部，尤其是陰毛部位。基本上頭髮並不是牠們喜歡寄生的地方，不過胸毛、腋毛、睫毛、鬍鬚和腿毛的部位卻十分常見。這些陰蝨並不會飛、也不會跳，但是卻會傳染給別人。陰蝨可以在人體的血液內存活，可活躍在人體的表皮組織二十四小時，所以除了透過性行為的方式傳染以外，接觸到患者的衣物、毛巾和床單也會感染。

感染症狀

有些人可能不會有任何症狀出現，有些人則是會在患部出現發癢的狀況，並且在內衣褲上會發現不明的黑色粉狀物。陰蝨會在寄生的毛髮處產下黃色的小卵，妳會感到搔癢。這種陰蝨的身型非常小，大概只有兩千毫米，灰黃色的外表很像蟹殼。

檢查和治療

醫護人員會用一種超級放大顯微鏡來找尋這些陰蝨的蹤跡，然後會用一種類洗髮乳的藥物讓妳清洗身體，治療期間妳並不需要將身上的體毛刮除，如果經過適當處理的話，通常妳會很快痊癒。

如何預防

　　使用保險套並不能預防陰蝨傳染，如果妳擔心自己或者是性伴侶感染陰蝨的話，建議妳們趕快去接受檢查，除非醫生證明妳並沒有染上這種性病或者是已經完全痊癒，否則在這段期間內，盡量不要跟任何人共同使用床單、衣服或毛巾。

疥瘡

　　這種只有零點四千毫米大小的病毒會寄生在妳的皮膚上並且產卵，傳染途徑除了透過性行為以外，身體的親密接觸也會傳染這類型的性病。疥瘡的病原會寄生在生殖器官、手指、足部、腋下、肛門以及女性的胸部，牠們也可以脫離寄居的身體部位七十二小時以上，所以這也代表妳可能透過衣物、床單和毛巾感染到這種性病。

感染症狀

　　感染之初妳可能感覺不到任何明顯的病症，只會覺得患部的地方好癢，尤其是在晚上的時候，或者洗完熱水澡以後，因此妳可能常常會在患部搔破皮造成皮膚感染。一般來說，這種病菌用肉眼是看不到的。

檢查和治療

　　醫護人員可能會先用肉眼來辨識妳感染的地方，然後會採集妳的皮膚檢體進行化驗，接著再用特殊的藥水和藥膏塗抹在患部幫妳治療。這類型的性病一定要經過治療才會痊癒。

如何預防

　　使用保險套並不能預防這種性病，如果妳擔心妳自己或者是妳的性伴侶感染陰蝨的話，建議妳們趕快去接受檢查，除非醫生證明妳並沒有染上這種性病或者是已經完全痊癒，否則在這段期間內，盡量不要跟任何人共同使用床單、衣服或毛巾。

梅毒

　　這是一種細菌病毒感染的性病，感染後的症狀並不明顯，所以很容易在不自覺的狀況下將這類性病傳染給別人。梅毒的傳染途徑主要是透過性行為和皮膚接觸，染病後如果不趕快進行有效治療的話，可能會對妳的身體造成極大傷害，包括妳的心臟、腦部、肺部、眼睛和其他器官都會嚴重受損，甚至會危害到妳的生命。

感染症狀

　　感染梅毒之後的三至四個星期，妳的生殖器官和肛門部位可能會感到疼痛，過了幾個星期之後，這些症狀有可能會暫時不見。不過要是妳不趕快去求診治療的話，日後可能會全身起疹並且長紅斑，也會感覺十分疲勞，病根一旦未及時治好，日後便埋下隨時發作的病因。

檢查和治療

　　醫護人員會為妳進行梅毒血清反應檢測及尿液反應檢測，或是採集妳的患部斑疹檢體進行化驗，一般來說，最有效的治療方法是採用抗生素療法。

如何預防

　　包括口交，最好都全程使用保險套。

旋毛蟲感染

　　這種寄生蟲通常都是透過性行為而接觸感染的，旋毛蟲的寄生空間大部分是在陰道和尿道（包括男性和女性皆然）。這並不是一種特別嚴重的性病，有時候會伴隨著淋病患者而併發旋毛蟲感染。

感染症狀

　　幾乎有一半以上的感染者並不會產生任何症狀，而一般的症狀是在感染後二十一天後才會出現，女性的陰道可能會分泌出異樣的體液，體液帶有點魚腥的臭味，同時也會引起陰道發癢、下腹部疼痛、小便感到燒灼、性行為時也會疼痛。男性感染者也會在小便和性行為時感到疼痛。

檢查和治療

　　醫護人員會用紗布在妳的患部採集檢體，主要是用抗生素來治療。患者最好不要喝酒。這種性病必須要經過治療才會痊癒。

如何預防

　　使用保險套是最安全的方法。

別過來！

妳的健康

陰道感染

　　陰道感染是女性健康問題最常見的一種，這種病的病因是陰道內的好菌及壞菌比率失衡的緣故。其實連醫護人員也不大清楚這種疾病的真正發生原因，一般人則是認為在性行為時會發生這種陰道感染的情形。基本上這種細菌的感染問題只限於女性。

感染症狀

　　感染後的女生基本上不會有任何明顯症狀，只是妳可能會發現陰道分泌物產生些許的變化，分泌物或許會變濃或變淡，甚至會有黃色及綠色的黏稠物流出，並且發出臭魚的味道，尤

其是在發生性行為之後特別明顯。

檢查和治療

　　醫護人員會在妳的陰道內部以及尿液部分採集檢體，大部分則是採用抗生素的治療方式，醫生也會給妳一種特殊的藥膏塗抹在陰道內部。在進行治療的這段期間內絕對要避免飲用酒類，因為酒精的成分會讓正在服用抗生素藥物的妳感到十分不舒服。如果妳堅持不進行任何治療的話，其實這種陰道感染的疾病也會自然而然地痊癒，不過要是妳感染之後有發生上述症狀的話，建議妳最好還是去診所進行檢測，並且加以治療，因為搞不好妳還同時染上了其他種類的性病。最後再提醒大家一點，陰道感染是一種再發率非常高的疾病。

如何預防

　　為了不讓自己陰道內部的化學物質產生失衡狀態，要盡量避免使用肥皂或是泡沫乳液沖洗下體，不過為了保持陰道的衛生清潔，妳可以在陰道兩旁撒點不具有刺激性的痱子粉保持下體乾爽，洗衣服的時候也必須注意不要使用具有高刺激性的濃縮洗衣粉。吸煙者比較容易得到這種疾病，請記得在發生性行為時必須全程使用保險套。

膀胱炎

　　這是一種非常普遍的疾病，幾乎有百分之五十的女人都會感染到，不過男性朋友也有可能感染。感染的最主要原因可能是因為生殖器官滋生了細菌，進而擴散到尿道及膀胱。過度頻

繁的性行為也會導致膀胱炎，所以有人說蜜月期的女性最容易感染這類型的疾病。不過這種基本上不能算是一種性病。

感染症狀

　　感染者會一直想要小便，不管小便量多少，便意的感覺隨時很強烈，小便時會有密集的灼熱疼痛感，尿液的顏色比較深，甚至會有血尿的狀況出現，有些女生則會引起發燒及下腹疼痛症狀。

檢查和治療

　　許多醫護人員光憑經驗就可以得知妳是否感染了膀胱炎，但是基本上他們還是會採集妳的尿液樣本，化驗妳所感染的細菌種類。一般來說，治療膀胱炎的藥物主要還是以抗生素為主，但是如果妳想自行治療的話，請參考下面的幾個實用方法：

◆ 多喝水（不包括茶、可樂和咖啡），水分可以將膀胱的感染細菌排出體外，並且減低腎臟感染發炎的機率，所以請妳務必要喝大量的水，雖然一直小便會讓人覺得很難為情。
◆ 多喝鹼性的蘇打水也可以幫助膀胱的酸性壞菌排出，妳可以到一般的藥房和超級市場買蘇打粉，然後加入一湯匙的蘇打粉在水杯中喝下，一天大概喝兩到三次。

　　如果上述兩種方法試過之後卻都無效的話，膀胱炎可能會引發更嚴重的腎臟炎。

如何預防

　　每天至少要喝一公升半的水，每一次性行為之後記得趕快小便，好讓殘留在尿道內的細菌排出體外，另外也要隨時保持下體的乾爽和清潔。

骨盆腔炎

　　這也是屬於一種細菌感染的疾病，尤其是曾經罹患淋病和披衣菌的患者，卻又沒有將性病治癒的話，殘餘的細菌便會滲透到尿道和其他的生殖器官內，進而造成骨盆腔發炎。

感染症狀

　　感染後的妳表面上看起來沒有異樣，但是在非月經期間會有異常出血狀況，還會發高燒及下腹疼痛，子宮頸發炎。

檢查和治療

　　醫護人員雖然對於這種疾病已經是司空見慣，但是他們還是會採集妳的血液樣本進行檢測。一般來說，醫護人員會採用抗生素療法，否則這類疾病並不會自然痊癒，如果一直遲遲不去求診的話，妳可能會長期面臨到下腹疼痛以及子宮頸栓塞的問題，結果是導致不孕症。

如何預防

　　請記得務必要使用保險套。如果發現自己有任何不適的狀況時，請馬上去求診，及早治療才不會導致嚴重後遺症。

第 12 章

男生與性

　　本章我會詳述女孩與男生相處會遇到的一些問題，內容包括：

　♥男孩和女孩的不同

　♥雙重標準

　♥男生勾引女生上床的十種技巧

　♥約會守則

男女大不同

許多專家都一致同意，青春期的男孩跟女孩有著極大不同的差異（許多人都不知道這一點）。

男孩對於自己身體的變化和吸引力多寡很敏感，因為人們對於男孩與男人的刻板印象更加明顯，尤其是男孩們在意自己身體的變化和「尺寸」大小。部分長得特別矮的男孩會面臨到一段難堪的青春期時光，陰莖長度大小更是讓男孩抬不起頭來的主要因素。

當然，面對身體產生許多奇怪變化的女孩們也會對自己感到很困惑，特別是自己胸前的乳房常常成為別人品頭論足的注目焦點。青春期的男孩們則是希望自己能夠更高更強壯，像是真正的男人。社會上對於青春期女孩會投以更多的注意力，尤其是父母親會擔心女兒一不小心在這段期間意外懷孕，所以大人們都會苦口婆心告誡女兒們，關於男孩有多壞多壞這些負面的事情，絕對要提防跟他們單獨相處在一起。也正因為如此，父母親常常忽略如何告知發育中的男孩，到底要如何跟女孩相處。

青春期的女孩可以擁有許多無所不談的手帕交姐妹淘，男孩的交朋友方式則大多透過分享某種共同的活動來培養的，比如說踢足球。男孩比較不會把自己內心世界的想法跟同性友人分享，吐露心事的男孩會被人說成是娘娘腔。大部分的男孩第一次跟同性友人分享內心祕密的時候，通常是他交了第一個女朋友之後。女孩們本來就比較健談，對於內心的想法也能夠

一五一十地跟朋友分享，反觀男孩則是木訥許多，他們不懂如何跟女孩談心，看到女孩子的時候常常會手足無措，把自己搞得好像是剛從火星來到地球的外星人一樣，活像一隻呆頭鵝。所以女孩們千萬要有耐心，妳的男朋友只是不知道如何表白自己內心的感情世界，多給他們一些時間和機會，情況自然會好轉。

女孩們在一起的時候，通常能夠正經地討論一些性方面的問題和困惑，男孩們聚在一起的時候，卻只會用戲謔或吹牛的態度，輕蔑誇張地來談論性的問題。喜歡吹噓的男孩子認為，如此一來會讓自己顯得更有男子氣概，他們覺得自己千萬不能在朋友面前丟臉，但是其實這些男孩根本對性是一知半解，他們之所以吹牛的原因，是因為他們其實想要用這些言論來掩飾自己對於性的恐懼。

青春期的女孩們不只身體發育會比男孩來得要快，心理上亦然，也就是說一位十四歲的男孩看起來仍然會十分孩子氣，但是同年齡的女孩看起來卻像是一個成熟的小大人一樣。不過很幸運的是，男孩後來居上的速度是很快的喔！

睪固酮和荷爾蒙的分泌，同樣都是青春期男女的正常身體變化驅動因素，只是男孩的睪固酮和荷爾蒙的分泌會比女孩來得更加旺盛（但是這並不代表男孩會比女孩來得發育快，這因人而異）。男性內分泌的變化會讓陰莖開始勃起，腦中也會開始隨時充滿對於性的遐想。許多男孩會在這段時間養成自慰的習慣，女孩們的第一次開始自慰時間通常都會比男孩晚。這段期間的男孩逐漸會將注意力轉向追求身邊的女孩，試著與她們發生性關係。青春期的女孩當然也會對男孩有所幻想，不過大

部分的幻想純屬浪漫的愛情，並不會像男孩一樣只想到有關性的方面。

雙重標準

青春期的女孩最在意的事情包括自己的體重、外表、穿著等等，她們對自己的外觀總是覺得信心不夠，尤其是跟男孩在一起的時候總是會覺得很彆扭。當然，成為男孩們注目的焦點女孩是一件很讓人快樂的事，不過女孩們卻都很怕一旦跟對方開始認真交往的話，有一天也有可能被男孩輕易地甩開。青春期男女交往的時候最常碰到一個問題：男孩想要，女孩卻一直

不要！女孩們把自己的童貞視做一件非常珍貴的資產，男孩卻常常又會對女孩苦苦相逼，基本上這種男性沙文主義的觀念一直沒有隨著時代而改變，男性總是扮演著奪取的角色，女性卻只能永遠被動地等待給予。

女孩們要感謝現代科技的各種避孕方法所賜，妳們不再需要時時刻刻擔心可能會懷孕的風險，但矛盾的是，男孩們的生物天性卻常常會擔心自己沒辦法傳宗接代。現代人已經有十萬年的傳宗接代歷史，不過卻到了一九八〇年代開始，現代科技才可以開始運用DNA的技術來確認孩子到底是不是親生的，關於這點也說明了一個事實：男人長久以來總是十分擔心自己是否戴上了綠帽子。所以男人一有機會便會到處撒下自己的種子，以確保自己的後代能夠四處繁殖，男人一旦可以讓自己心愛的女人懷孕，便可以阻止她與其他男人發生性關係。

我並非贊同男人四處留情，因為女人之所以會和一個男人發生性關係，通常是因為她想嫁給這個男人，並且和他有一個屬於兩人的孩子，組織一個甜蜜的家庭。傳統的價值觀告訴我們，如果女人與男人發生婚前性行為的話，代表著一個非常大的災難即將來臨，所以許多女孩寧願在婚前保持處女之身。我曾經接到過許多女孩寫信給我，她們都非常想要跟男友發生性關係，但是又害怕自己違反了社會與家庭的傳統道德標準。男孩對於性這回事總是比較渴望，但如果是女方主動的話，結局又可能不一樣了。

男生的苦惱

雖然女生常常會被媒體上的漂亮女孩形象搞得自己神經兮兮，不過男孩子們也有他們的苦惱，那就是隨時都會擔心自己不像個大男人。青春期的男孩總是希望自己看起來不要太過娘娘腔，因為他們最怕被朋友取笑「像個娘們一樣」！也正因為如此，許多男孩都會故意表現出十足大男人的模樣。其實不分男女，每個人的潛在性格中都具有兩種陽剛與陰柔的本質，但是如果矯枉過正的話，很多男孩長大後就會成為一個大男人主義者，甚至是歧視同性戀的心胸狹隘者，他們根本無法表達出內在的感情世界與他人分享，久而久之就會變成一個十分乏味的人，異性朋友便會漸漸地對這種人拒於千里之外。

另外還有一個重要的因素會影響到一個成長中少男少女的個性，那就是同儕朋友的影響力，尤其是許多男女之所以會與對象發生第一次性關係，通常都是基於「別人有，為什麼我沒有」的心理作祟，因為他們很怕被同學朋友嘲笑自己仍然是處子之身，好像自己行情不夠。男孩們有時候為了在同儕之間建立起大男人的地位，並且贏得朋友的認同，會故意在女友面前裝成一副毫不在乎的樣子。所以很多女孩才會常常覺得很奇怪，為什麼自己的男友在人前人後完全不同。

男生勾引女生上床的十種技巧

男女之間對於第一次發生性關係的情境定義有所不同，男

孩子可能只是因為好奇而發生第一次性關係，女孩子則可能是因為愛情才會發生第一次性關係。不管如何，如果是基於妳情我願，那種感覺絕對是非常美好的。但是很多青春期的男孩卻因為荷爾蒙作祟的緣故，使他們隨時都處於勃起的興奮狀態，腦中永遠都充斥著關於性的念頭，這一點倒是比青春期的女孩還要誇張許多。不過在這邊我必須告訴妳，在妳急著發生性關係之前，何不試著多花一點時間了解對方呢？不要怕自己比同年紀的朋友還要晚發生性關係，這並沒有什麼好丟臉的。

下面的內容是一些男孩子常逼人就範的技巧，他們會用極其溫柔近乎哀求的方式來達成目的，這十種手段包括：

一、如果妳真的愛我的話，那就答應我：這樣的說法其實很殘忍，因為妳為了要證明真的愛他，就必須與他發生第一次關係。當他這麼說，妳可能會對他感到愧疚，覺得自己一直不跟他發生性關係，對他是一種可怕的懲罰。好吧！如果妳在某一天夜晚將自己寶貴的童貞獻給對方，那又怎樣？證明妳真的愛對方嗎？不是的！愛是一種尊重，是一種關懷和體貼，愛絕對不是一種變相的勒索，既然妳還沒準備好，就絕對不要草率地與對方發生第一次。反過來說，要是他真心愛妳，就不應該用這種苦苦相逼的方式來要脅妳，因為愛情是一種長期的互信基礎關係，幹嘛急於一時呢？

二、我現在好興奮，如果我不做愛的話，會對身體造成傷害：男孩跟女孩在進行某種程度的親密接觸時，有許多慾火焚身的男孩下體常常已經是堅挺高漲如艾菲爾鐵塔，這時候他可能會跟妳說，要是他不射精的話，會對身體造成嚴重傷害

（有些人的睪丸因為儲存了許多未射出的精液，睪丸顏色會變藍）。千萬不要被他騙了，因為雖然未射精會讓人感到短暫的不適，但是只要停止勃起的陰莖回復到正常狀態，睪丸疼痛的感覺便會慢慢消失。有些居心不良的男孩會責怪對方說：都是妳把我搞到這麼興奮，都是妳害的，所以妳要負責解決我的痛苦。不過現在妳已經知道了，不射精不會對身體造成傷害，所以妳也沒有義務幫他解決痛苦。

三、**妳不跟我發生性關係的話，我就把妳甩掉：**當男孩說出這句話的時候，通常他們都不是真心想要這麼做。他們同時也可能會說前任的女友是多麼配合他的要求，第二次約會就跟他上床，所以他才會跟她在一起等等之類的話，但是那些話都是騙妳的。當這些男孩說出這些話來恐嚇妳的時候，基本上他們都是很自私的，切記，錯不在妳！一個真心想要跟妳交往的男孩，絕對不會出言威脅妳，妳要是擔心他甩掉妳，而跟他發生性關係的話，那妳只會變成他的一個性玩物而已。

四、**妳不做就算了，我可以找別人，她們會很樂意的：**這種說詞跟第三種技巧很類似，當他們說這句話的時候，通常心中卻不是這麼想的，講白一點，就是口是心非。男孩在跟女孩耳鬢廝磨、卿卿我我的時候，常常會在女孩欲拒還迎的關頭，說出這句話來作為要脅。這句話的目的主要是引起妳的嫉妒，他通常也會施展同樣的招術來對付其他的女孩子，所以請妳趕快離開他吧！這種根本不尊重妳的男孩，不值得妳為他浪費時間。

五、**在我們所有的朋友之中，就剩我們兩人還沒發生性關係：**就算如此，又怎麼樣呢？妳是一個獨立的個體，不是一

個供人洩慾的性工具，所以妳有選擇是否想與人發生性關係的權力，並非因為所有的朋友都做過這件事了，妳就得跟他們都一樣才行。妳的男朋友的說法也有可能是在誇張事實來逼妳就範，而且他應該也是一個缺乏自信心、人云亦云的人，才會看到別人怎麼做，就覺得自己也要跟著這麼做才行。

六、發生性關係之後可以強化兩人的愛情：這種說詞同樣是要引發妳內心的罪惡感，讓妳以獻身的方式來達成某種對愛情的承諾。如果妳還沒準備好就貿然因為這句話而跟對方發生性關係的話，到時候妳一定會後悔莫及！以強迫手段達成的性關係，難道真的可以強化妳們的愛情關係嗎？別傻了！當然，真正兩情相悅而發生性關係的時候，的確會讓彼此愛得更深，但是如果不是真心相愛的話，光靠發生性關係也不能挽救瀕臨分手的脆弱愛情，一個不愛妳的男孩，絕對不會因為與妳發生性關係之後就愛上妳，關於這點請大家一定要牢記。

七、我們躺一下就可以了：這種騙女孩子的老招數到現在還是屢見不鮮！男孩子喜歡用連哄帶騙的方式來達成他們的終極目的，可能一開始會誘拐妳先跟他一起躺在舒服的沙發上，接著再慢慢地跟妳的身體產生親密接觸，一步一步地把妳拐騙上手。這些情場老手會試著慢慢讓妳感到興奮，在趁妳不注意的剎那把妳的衣服一件一件地脫掉，最後再用甜言蜜語來讓妳乖乖就範。如果妳能夠一直保持清醒，知道自己在何種程度要剎車的話，那當然沒問題，但是重點在於男孩是否肯就此罷手。很多女孩的第一次都是這麼莫名奇妙發生的，根本沒有任何避孕措施，最後的結果不是懷孕就是染上性病。所以女孩們請注意，關鍵時刻一定要勇於說不！第一次絕對要深思熟慮而

後行。

八、我不會告訴任何人：要是妳的男朋友這麼說的話，請妳務必要小心，因為一定有一堆他的哥兒們等著聽他的精彩豔遇，要不是他心虛的話，為何要特別信誓旦旦地強調這一點呢？換個角度來看，他之所以會這麼說，是不是也代表跟妳發生性關係這件事情是很丟臉、見不得人的呢？要是妳直覺認為妳的男友是個大嘴巴的廣播電台的話，我強烈建議妳還是趁早離開他吧！

九、我愛妳而且尊重妳：這些話經常從某些男孩的口中說出，但是他們說這些話的主要目的只是要騙妳上床而已。男孩與女孩對於性愛的看法大不相同，一般的男孩通常都只對女孩的身體有興趣，而女孩們卻是因為愛情而獻出自己的身體給對方。因此許多男孩為了及早從一壘奔回本壘，常常會說出一些言不由衷的話來哄騙對方，拚命地灌妳迷湯。

十、妳不想的話就表示妳是性冷感：這是下流的威脅手段，這種男孩根本不值得妳用心交往。沒有一個真心愛妳的男孩會說出這樣的話，要是妳為了證明自己不是性冷感而跟他上床的話，我敢發誓妳一定會終生後悔！性愛是一種彼此分享的溫馨經驗，所以不要浪費妳的時間跟這種混蛋在一起，妳也不要傻到為他犧牲，到時候搞不好他還在背後替妳取綽號，跟朋友一起嘲笑妳呢！

約會中的男女

讀完本章節之後，有些人可能會對男女交往這件事情開

始卻步，妳或許會認為男孩子怎麼都是這種德性呢？別失望，有許多男生並不全然如同我剛剛所描述的。每個人都是不同的個體，千萬不要認為每個男孩與妳交往的目的都是要騙妳上床，不管妳是男孩或是女孩，只要試著在情人面前表現出妳最好最真實的一面，相信妳一定可以遇到一位可以帶給妳快樂的人生好伴侶。相信自己的直覺，而且一定要相信自己的判斷力。

其實男孩們也有他們的苦處，他們一向都非常煩惱自己是否可以成為一個很棒的情人，如何開口向對方提出第一次約會的要求，如何在床上扮演一個十全十美的情人。如果妳只是沉迷在網路聊天室的虛擬性愛，不敢真實去面對活生生的對象，並且向對方勇敢告白的話，那麼妳的愛情智商永遠都只會處在低能的水準。大家一定要努力去學習如何向另一半表達自己內心真實的感情，並且勇敢地提出自己的要求，這樣的愛情學習過程一定會讓妳走過一段特別的甜蜜之路。

第章

大家來談性

　　本章可以提供妳足夠的幫助和資訊，讓妳更了解與親密愛人之間的一些問題處理方法，以及面對愛情困境時的協商法則。

　　本章內容主要著重於兩性關係與性的問題，包括妳與父母、朋友、男朋友之間許多難以啟齒的問題，當然也包含一些關於兩性健康的資訊，主要內容如下：

　　♥如何與父母談論禁忌的話題

　　♥同儕壓力與朋友之間的對談

　　♥如何向妳的男朋友說不

如何和爸媽討論性

　　妳或許會覺得在青春期的時候跟父母話不投機，面對性事更是難以啟齒。妳寧願跟同樣是一知半解的朋友分享那些難解的問題，卻又理不出任何頭緒嗎？

　　不管妳相不相信，妳的父母親也一樣經歷過青春期的各種問題，妳的困擾跟他們當年的困擾是一樣的。所以其實父母親是妳最可靠的性知識和兩性關係問題解答庫，他們隨時都可以給妳最棒的建議，也可以成為妳最好的精神支柱。我相信妳的父母親必然非常高興，而且十分樂意為妳解決所有問題。

如何跟爸媽開口

一旦妳把房門關上，把鑰匙藏起來，沒有任何人可以阻止妳跟情人躲在房間發生性關係，所以發生性關係的絕對權力掌控在妳手上。成熟的父母應該要具備開放的心胸跟小孩談論性問題，不過有些父母卻選擇沉默，這並不是因為他們不關心妳，而是擔心妳可能還沒有準備好，所以不敢貿然跟妳提起這些敏感的問題。其實父母可以採用比較迂迴的方式跟孩子們提及關於性方面的問題，最重要的是一定要避免讓孩子們覺得丟臉或不好意思，這是父母親必須注意的。

話說回來，小孩子為什麼就不能主動取得發球權，試著向父母親提問呢？有的父母親在面對子女突如其來的敏感問題時，當然會有點尷尬，或許他們也會開始擔心妳已經做過那件事了（為了避免爸媽擔心，妳可以坦誠地跟他們說實話，父母親通常都喜歡小孩子說實話）！當然也有些父母親本身對於性知識的了解非常貧乏，對於小孩子們的問題也答不出個所以然來。身為子女的妳必須有耐心一點，不要讓那些比較害羞的父母，突然被妳的大膽問題嚇得不知所措，一開始的問題盡量不要太直接。部分太過於隱私的問題會讓父母親不知道如何回答。我提供一些提問的技巧讓大家參考：

◆ 最好等父母親心情較好的時候再切入敏感問題，比如說一家人正在愉快地吃晚餐的時候。

◆ 妳可以先問一些比較輕鬆的問題，比如說對於婚前性行為的看法為何？千萬不要直接問他們說，我可以開始吃避孕藥

嗎？因為我想和男朋友嘿咻。

◆ 妳可以提出一些從電視、雜誌或書上所看來的資訊與他們分享討論，並且詢問他們的意見和看法，比如說父母親是否很難接受小孩開始從事性行為等等，詢問的技巧相當重要喔！

◆ 仔細聆聽父母親對妳說的話，不要因為意見與他們相左就對他們大吼大叫，或者是生氣地把門關上。跟他們溝通的這段時間其實是證明妳已經成為一個成熟大人的好機會。

◆ 或許妳會覺得父母親過度保護妳，但是他們的出發點是怕妳遇到危險，所以不要對於他們所說的話不屑一顧。所以如果妳尊重他們所說的每一句話，相對地，父母親也會非常注意聆聽妳所說的一切。

◆ 要是妳的父母親聽到一半突然捉狂的話，務必保持冷靜，並且要讓父母親清楚地了解，妳只是問問而已，並不是真的已經做了那檔事。要讓父母親知道他們可以提供給妳許多有用、可信賴的性知識，父母親一旦覺得自己被孩子尊重的時候，也會用最尊重妳的方式來回應。

◆ 不要逼問父母親過去的性生活，如果妳的父母親有意願跟妳講述這些往事的話，不妨聽聽看，但是不要苦苦追問唷！

◆ 父母親要是有一方比較保守，有一方卻比較開放的話，建議妳可以找比較開放的一方談談。但是不要介意其中一方將妳們之間的談話透露讓另外一方知道。

◆ 很不幸的是，少數父母親堅決主張不跟小孩子談到任何有關性的事，這是非常不好的心態。如果妳遇到這樣的父母，建議妳可以尋求身邊其他大人的協助，比如說朋友的父母親、老師、學校輔導員、醫生等等，另外也有一些專業的社福機

構可以幫上妳的忙。

如何和朋友討論性

有些人真的很幸運，身邊總是有許多好朋友可以談天說地聊心事，而且有些讓人難為情的事情，還真是只能跟好朋友分享而已呢！不過有些特別害羞的女孩子卻例外，她們不敢跟好朋友討論性，這些問題讓她們覺得很糗，也怕朋友會笑自己笨。

千萬不要這麼想！有些問題妳自己不知道，但是妳身邊的朋友也不見得好到哪去，有時候她們只是打腫臉裝胖子，不懂硬裝懂而已！有些姐妹淘每天聚在一起瞎混，互相傳播一些錯誤的性觀念，反而把原來很單純的性問題搞得神祕兮兮，讓大家都一頭霧水。

同儕壓力

一般人的觀念總是認為，男孩子遭受到的同儕壓力會比女孩子來得大，但其實不見得，有些女孩子也會因為遲遲未跟男友發生性關係而遭到友人的嘲笑，最後在同儕壓力之下，便急就章隨便找了個男孩發生關係，好讓其他女性友人接納她。這是同年齡的青春期孩子所不能避免的狀況，因為不想讓自己跟其他好朋友有任何不一樣的地方。但是如果妳只是為了想要讓朋友覺得妳很了不起，因而去做出一些驚世駭俗的事，我覺得這樣非常不值得，之後妳也一定會非常後悔，同時我也認為這些人並非是妳真正的好朋友。

不過我認為除了同儕壓力之外，更多人的壓力與不安是來自於自己的內心世界。每個人的內在都有一種不安全感，不管是對於性的恐懼，或者是對於自己身體的不滿意，甚至包括學校成績分數的高低等等雞毛蒜皮小事。所以一旦妳可以敞開心胸跟妳年齡相近、可信賴的朋友一起分享內心的困惑時，那種感覺是相當美好的，妳可能也會發現對方竟然跟妳有一模一樣的煩惱。

◆ 妳的好朋友絕不能是個大嘴巴！

◆ 個性善良體貼，會設身處地為妳著想。

◆ 可以跟妳一起分享祕密（當然妳也必須盡到替對方保守祕密的義務）。

◆ 懂得聆聽，而且對妳所說的話很感興趣，對方願意花時間與妳單獨相處，而不是跟一群朋友在一起瞎攪和而已。

◆ 會主動連絡妳，而不是每次都被動地等妳去連絡他，因為朋友之間的關係講究的是一種雙向平衡，關係如果不對等的話，基本上是沒辦法成為好朋友的。

所謂真正的好朋友必須經過長時間交往才能夠了解對方，人生的旅途中不能沒有一兩位真心的好朋友陪伴，只要能夠尋得一位對我們百分百忠實的好朋友，妳的人生就會產生極大的不同。知己或許難覓，但是只要妳用心尋找就一定找得到。

如何和男朋友討論性

絕大多數的女孩子不喜歡經由父母的口中來了解這些問

題，反而喜歡跟男朋友閉門造車，而這些男生卻所知有限。最麻煩的是，男朋友通常也是最頑固、最難以溝通的親密愛人。

> 我認識西蒙已經六個月了，我們一直在想是不是可以發生性關係。他有時候會用手碰觸我的性器官，但是他的動作好粗魯，讓我很不喜歡。我很想告訴他我的感受，可是又很怕他不高興，所以我就任由他了。他說他不喜歡用保險套，因為如此一來會降低性交時的快感，我不知道該怎麼辦？請妳告訴我好嗎？
>
> 十六歲的雅比

如何向男朋友開口？

如果妳認為雙方都已經準備好要發生第一次的話，我認為妳們應該要坐下來好好地談一談。要是妳不清楚跟妳的男朋友說出心中的感覺，我認為他不會了解。首先妳必須要知道想對他說些什麼，本書是妳最好的指南，詳細閱讀之後妳便可以清楚知道該如何啟齒。舉個例來看，要是妳男朋友說：「大家都知道，女孩子月經來的時候根本不會懷孕。」妳就可以舉出本書的例證來反駁他。

許多關於性方面問題的詞彙其實都可以用醫學專用術語來表達，比如說陰莖、陰道和陰核。有些人喜歡用比較粗俗的形容詞來談論性，因此造成對於性的負面印象，比如說有些人常用吹簫這兩個字來形容幫男生口交的行為，或者是用舔穴來形容幫女生口交的行為，甚至用打砲兩個字來形容性交，這些字眼可能都會帶給妳很髒很不舒服的感覺。我建議各位或許可以

發明一些比較讓妳們不覺得難為情的字眼，做為親密關係的通關密語。

許多男女仍然相信，在性交過程中必須由男方來引導一切，女方只要乖乖地配合就好。女生常常覺得最好不要坦誠說出自己的感覺，問題是如果妳不敢說出對於性的真正想法，最後的結果便是導致妳根本無法享受性的歡愉。

女孩子通常還會擔心另一個問題，那就是當男朋友求歡被拒的時候，都會流露出很受傷的樣子，甚至有的人還會惱羞成怒。因此妳也會不敢開口要求他使用保險套，怕對方因此離開妳。事實上，一個真心愛妳的男友絕不會因為這樣而離開妳。有時候男友反而會因為妳的坦白而鬆一口氣，也許當初連他自己都不敢啟齒，妳的主動提問反而為他解套，卸下那顆壓在心中很久的大石頭。部分的男孩子對於性知識根本是一知半解，但是他又不願承認自己的無知。所以我奉勸各位女孩一定要坦白地跟對方說清楚，這是幫他一個大忙。

要是妳認為男友一定會對妳所提出的各種建議抵死不從，而且妳又沒辦法堅守住自己的立場的話，可以試著找一個手帕交進行模擬對話練習，妳可以把對方當成是自己的男朋友來跟她交談。這樣的練習對話很有幫助，可以讓妳練習表達自己的看法，並且在實際面對男朋友的時候不會怯場。

接著，找一個時間兩人獨處好好談一談，不要等到事情已經無法收拾才想溝通，以下的法則請特別謹記在心：

◆ 妳們是否已經準備好了？
◆ 妳們已經了解該如何避孕，以及如何進行性病檢測了嗎？

◆ 如果妳在最後關頭說不的話怎麼辦？妳是否有足夠的信心，相信對方可以真正了解妳的感受，而且萬一妳冷感的話，對方可不可以體諒妳，並且停止一切呢？

許多女性朋友都認為，在床上的快感當然以男性的感覺為第一優先，自己的感覺排第二，萬一很不巧地對方讓妳達到高潮的話，那真的是歸功於自己的運氣太好了！但是話說回來，難道女人在床上不能要求與男人享有同樣的快樂權力嗎？為何女人只能一直假裝高潮來取悅男人，明明自己痛得要命，卻還要拚命說謊來讓男人滿足征服慾望呢？

女人必須學會仔細聆聽男人對妳的告白，男人的想法需要妳好好去了解。即使妳們已經愛得如此之深，雙方面仍然需要不斷地進行深度溝通，好讓兩人的關係可以達到水乳交融。大方地面對性事，絕對可以讓彼此的愛升華。

不要把自己內心的感覺隱藏起來，一廂情願的感情只會讓妳失去更多，因為感情這檔事不是零與一的絕對答案，多多溝通只有益處沒有壞處。發生了第一次關係以後，並不表示妳們以後都必須依循同樣的模式來做愛，或是從此以後就要持續跟對方發生性關係。

剛剛所說的這些，會不會讓妳覺得性好像很嚴肅呢？當然，對於性的看法，有許多見仁見智的不同觀點，不過我認為男女雙方最好能夠在十分放鬆的情況下發生性關係，並且在這樣的過程中得到許多歡樂，即使事情的進行並不如當初所想像的順利，也能夠一笑置之。在所有的愛情關係中，性關係是一種最好的潤滑劑，就如同一塊好吃的蛋糕上面可口的糖衣。

如何說不

　　妳的男朋友逼妳跟他發生性關係，但是妳卻不想，這時候一定要勇於說不，即使是在最後一刻想緊急剎車，也千萬不要猶豫，否則只會讓事情越來越惡化，甚至有可能讓這段感情結束。一定要記得：除非做這件事情讓妳感到很快樂，否則妳必須懂得何時停止。下面有一些說詞可以供妳參考一下：

◆ **我真的很喜歡你，也很愛你，但是我真的還沒準備好跟你發生關係**：相信他一定可以諒解妳，因為妳很清楚地告訴對方並非不愛他，只是因為妳還沒準備好。

◆ **現在太快了吧！我不想草草進行我的第一次耶**：其實有許多伴侶都會花超過一年或兩年以上的時間，來進行他們之間的

第一次親密關係。如果妳跟對方所期待的是一段長期發展關係，那麼何必急於一時呢？以後多的是時間，不是嗎？

◆ **在我們發生第一次親密關係之前，我覺得我們必須再多花點時間來了解對方耶**：跟一個值得信任的人發生關係，感覺會比較美好。任何愛情關係的培養都需要付出時間。兩人之間即使沒有性，仍然可以維持甜蜜快樂的愛情關係。

◆ **我對於發生性行為這件事還是感到很害怕耶**：沒錯，有的人很擔心會感染性病或者是懷孕。如果妳認為發生性關係之後的妳會後悔、或是會讓妳痛苦，就一定要勇於在男朋友面前承認，這沒什麼好丟臉的。如果性問題真的十分困擾妳的話，貿然發生第一次之後，可能反而會有很長一段時間讓妳對性卻步。

◆ **我沒有準備好避孕措施，而且我們也沒有保險套，我不想冒險耶**：如果兩人根本沒有在事前做好任何準備的話，妳一定要堅持自己的立場，絕對不會冒任何懷孕或是感染性病的風險。

向對方說不！千萬不要覺得內疚，如果男朋友真的很堅持，妳一定要比他還堅持，而且妳的口頭語言和身體語言必須要一致，對方才會知道妳是說真的，而不是故作姿態而已。妳可以在緊急關頭將他的身體推開，嚴肅地看著他的雙眼，以堅定無比的口氣說明妳的立場，如果必要的話，請妳重覆說「不」這個字，讓他知難而退。建議妳可以事先在別的場合練習對別人說「不」這個字，比如說有朋友找妳去一個妳不喜歡的地方時，妳就可以堅持跟對方說聲不！

請記得一點，如果妳真的不想發生性關係，保持沉默或者

是生氣跑開都不是最好的解決之道，妳一定要坦誠地跟妳的男朋友溝通。千萬不要因為怕男朋友離開妳，而不斷暗示他說有一天妳會改變主意，這只會讓妳男友隨時都抱著希望，到時候妳會被他煩得受不了。

如何和醫生及專業人員討論性

醫生、護士以及其他的專業人員可以提供給妳相當豐富正確的性知識，當然也包括避孕的一些方法。

尋求協助

醫護人員可以幫助妳們一些關於避孕及性病防治等等的問題，不要擔心他們會置之不理，畢竟這是他們的專業。不管妳的疑問是什麼，我相信只要妳很誠懇地開口詢問，大部分的專業人員都會非常樂意回答妳。如果有些醫護人員與妳對談的方式讓妳覺得很不舒服，下次就不要找同樣的人諮商。

有一個最重要的前提是：如果沒有經過妳的同意，所有的專業醫護人員絕對不能將妳的病歷或個人資料外洩。

如何去求診

有些診所妳可以隨時隨地進去求診，有些診所則要事先預約好，所以必須要事前了解清楚。去看診的時候，有朋友陪同是最佳選擇，他們可以給妳鼓勵打氣。一般的診所都會要求妳詳實地填好姓名和地址，這是因為他們要做好確實的看診紀錄，但是他們並不會將妳的個人資料外洩。如果妳個人偏好男

性或者是女性的醫護及專業人員的話，妳可以事先在掛號的時候告知對方，如此一來，妳們在看診的時候便可以放鬆心情，以下是妳們在進行諮商的時候常常會遇到的一些狀況：

◆ 如果妳要進行避孕的話，醫生會詢問妳的健康情形以及妳的家庭病史，以避免妳在進行任何避孕措施的時候產生副作用。這些詢問妳的問題主要在確定妳是否知道服用藥物之後的嚴重性。如果妳還未滿十六歲的話，他們會建議妳告知父母親，但是他們並不會強迫妳這麼做。

◆ 除非妳是要使用子宮內避孕器等措施，否則醫護人員並不會對妳進行陰道內診。醫護人員同時也會教導妳一些關於防治性病的常識。大部分的避孕器材和藥物都是免費供應。

◆ 如果妳擔心自己可能感染了性病，想要進行性病檢測的話，醫護人員會先聽聽妳敘述一下自己的症狀，以及妳個人的性生活詳細情形，如果妳坦誠以告的話，他們才可以盡其所能地來幫助妳。

社福機構

不論是憂鬱症、毒品問題或其他方面的問題，有許多社福機構都會提供免費電話求助服務。要是妳的心中有一些問題困擾著妳，這些電話服務專線是一個非常實用的求援管道，除了可以給大家基本的資訊和建議之外，有些專業的諮詢人員還會仔細地聆聽妳們的問題，並且告訴妳們到底該怎麼做。盡量避免打一些來路不名的諮詢專線電話，有些假藉諮詢服務的專線電話，其實是想騙取高額的通話費用。

　　打這種求助電話的好處在於，如果妳不想繼續進行對話，可以隨時將電話掛掉。千萬不要在電話中留下妳的真實姓名、地址和電話號碼，除非對方是一個可以信賴的社福機構。要是妳發現對方拚命地想要妳說出個人詳細資料時，請記得妳們應該馬上將電話掛掉。

第  章

性知識大考驗

　　如果妳已經詳細讀完前面幾個章節，或許妳會認為自己已
經掌握基本的性知識了。敢不敢接受下面所列的問題測試呢？
來吧！

下面的題目為是非題，好好回答喔！

1. 在家庭計畫中心可以免費取得保險套　　　　　　是　　否
2. 醫生不能將妳個人的避孕問題洩露出去　　　　　是　　否
3. 性交完畢之後用可樂沖洗陰道的話，就可以
   防止懷孕　　　　　　　　　　　　　　　　　　是　　否
4. 親吻會感染愛滋病　　　　　　　　　　　　　　是　　否
5. 月經期間性交也會懷孕　　　　　　　　　　　　是　　否
6. 第一次的性行為通常不會讓妳懷孕　　　　　　　是　　否
7. 市面上有特別讓女人使用的保險套　　　　　　　是　　否
8. 處女膜一破就不是處女了　　　　　　　　　　　是　　否
9. 口交指的是講髒話　　　　　　　　　　　　　　是　　否
10. 勃起的男生沒有立刻從事性行為或是自慰的
    話，可能會讓他的性命發生危險　　　　　　　是　　否
11. 如果妳從事危險性行為之後，必須在隔天早
    上前服用緊急避孕丸，否則無法避免懷孕　　　是　　否
12. 自慰會傷身，而且還會讓生殖器官變形　　　　是　　否
13. 陰核的位置是在陰道內部　　　　　　　　　　是　　否
14. 使用保險套可以防止性病和懷孕　　　　　　　是　　否
15. 吞食精液可能會導致懷孕　　　　　　　　　　是　　否

以下是這些問題的正確答案，如果答對的話就替自己加一
分，然後算算看自己的總分多少：

1. 對！

2. 對！

3. 錯！沒有任何液體可以在清洗陰道之後防止懷孕，而且那些液體可能有害。

4. 錯！

5. 對！有些女孩在月經期間仍然會排卵導致懷孕

6. 錯！任何時候發生性行為都有可能會懷孕

7. 對！有一種橡膠製的女用保險套可以放入陰道內使用

8. 錯！不管處女膜是否破掉，除非妳發生了第一次性行為，否則妳永遠是處女

9. 錯！口交指的是用嘴巴去接觸對方的生殖器官

10. 錯！不射精也不會生理上的傷害

11. 錯！性行為之後的七十二小時內，服用緊急避孕藥丸都有效

12. 錯！

13. 錯！陰核是在小陰唇的上方

14. 對！

15. 錯！精子只有在陰道內游動時才有可能著床受孕

以下是妳的得分結果分析：

◆ 五分以下：

妳對於性知識有基本的了解，但由於妳一知半解，所以

常常會犯下一些愚笨的錯誤。因此在妳準備要跟男友進一步發展之前，請妳務必要將本書從頭好好地再看一次，等到妳具備了完整的性知識，下次跟男朋友或姐妹淘一起討論性話題的時候，妳才能站穩自己的立場，而不會道聽途說、人云亦云，因為知識就是力量。

◆ 六分到十分：

這樣的中等分數已經算是不錯了，在妳的朋友之中，甚至還可以扮演一個性知識小老師的角色，因為妳對於自己的身體和避孕常識有很好的概念。不過可能因為妳對自己太有自信了，所以偶爾還是會不小心犯下一些錯誤。如果妳可以再充實加強更多的性知識，假以時日妳一定可以成為性學專家喔！

◆ 十一分以上：

恭喜妳，妳已經是性學大師了！妳所具備的性知識已經到達專家的水準。妳對於自己的身體和避孕常識掌握得相當好，妳也很樂意跟妳的好朋友一起分享討論，這並不代表妳是一個性經驗很豐富的人，但是妳平常用心收集各種相關的性知識，為美好的第一次做萬全準備。不過千萬不要因為這次測驗得高分而沾沾自喜喔！必須時時刻刻不斷地吸收最新的性知識，隨時向其他人請教。而且，就算妳的性知識十分豐富，當妳真正面對第一次的時候，搞不好也會嚇得手足無措呢！

第  章

性愛實戰指南

在閱讀下面的性愛實戰指南時，即使妳已經年滿十六歲，對於第一次性行為也要三思而後行，問問自己到底準備好了沒？妳期待的結果是什麼？

本章節的內容包括：

♥ 性行為之前的各種步驟

♥ 性行為的過程

♥ 關於性的迷思

進入之前

　　妳一定要先做好性病檢測以及避孕措施，才可以開始考慮發生第一次性關係。想想看，有一天妳跟男朋友在花前月下卿卿我我的時候，兩人隨時都有可能迸發出乾柴烈火，這時候妳一定要有心理準備，接下來的每一刻都有可能發生任何事情。

　　前戲這兩個字指的是在發生性關係之前的一些動作和行為，可以讓妳的身體準備進入性交過程，也就是陰莖進入陰道前的準備動作，一般的前戲大概包括了親吻以及撫弄性器官的行為。

親吻

　　許多人其實並不知道如何親吻。按照學理上的解釋來說，所謂親吻就是將雙唇貼在對方的皮膚或雙唇上，法式接吻則是指將舌頭放進對方的嘴巴內，這兩種方式都可以算是接吻。但是請特別注意，要是妳將舌頭伸長到對方的喉嚨內部，可能會引起對方嘔吐，大家一定要小心。

　　當妳用雙唇親吻對方的時候，舌頭的動作不要太激烈，可以用舔冰淇淋的方式輕輕地品嚐對方的舌頭和雙唇，隨著兩人的熱度慢慢增加，可以將嘴巴緩緩張大，進行更加狂野熱烈的深吻。親吻這檔事需要雙方的努力配合和回應才可以達到最完美狀態，就像是一起跳雙人舞步一樣。親吻的技巧其實並不是最重要的，重點在於雙方的感覺，如果雙方一點火花都無法激起的話，技巧再好的親吻也無用。

前戲

前戲可以幫助妳順利達到高潮，並且讓妳的情緒處於最興奮的狀態。對於男生來說，前戲主要的目的是讓陰莖勃起；對於女性來說，則是讓陰道產生潤滑用的分泌物，好讓陰莖能夠順利地插入。通常男性可以在很短的時間內就快速勃起，但是女性要達到興奮的狀態可能需要較長的時間。

前戲包括手指的觸摸與愛撫，親吻對方身體的任何部位，最主要的目的是讓對方亢奮。女孩子身體最敏感的部位是陰核，但是陰核的神經組織非常敏感，所以一定要輕柔地慢慢碰觸，一步又一步地讓女孩達到興奮和高潮。而男孩的陰莖則是最敏感的部位。

前戲完畢之後，不一定要繼續從事實際的性行為，除非雙方都感覺到十分愉悅，甚至已經快要達到高潮，否則可以停下來。通常在性行為結束之後，兩人都會覺得很放鬆，濃情蜜意的感覺讓人回味。

愛愛之後

在第一次性行為發生之後幾天，有些女生可能會感到身體微微不適。之所以會這樣，有可能是因為前戲太過於倉促（或者是前戲的刺激不足），使得陰道的潤滑液分泌不夠，陰道的肌肉組織也不夠放鬆。如果匆匆忙忙急著性交，或許會引起陰道疼痛及不適，完事後當然也會引起妳不舒服的焦慮感。如果妳擔心自己的身體是否出現問題的話，不要猶豫，請趕快去找

醫生。

　　發生過第一次性關係之後，許多女孩子會不敢再度面對那位與她發生親密關係的男友，因為妳可能會怕男友對妳上次的表現不滿意，妳可能也會覺得羞於見人，一直後悔之前為何會跟他做出這麼不要臉的事情。如果妳開始拒他於千里之外，要是他真心愛妳，那麼妳就對他太殘酷了。

　　男孩跟女孩對於發生性關係以後的期待有點不一樣，如果雙方想要解決歧見，千萬不要急於一時，重點在於彼此要多花點時間討論溝通，勇敢地向對方說出自己內心的恐懼和對未來的期待。

我們的關係會改變嗎

　　每個人都希望第一次的親密關係是在最美好的理想狀態下完成的，完成之後也希望兩人的感情能夠更上一層樓，對於彼此的承諾都可以天長地久。沒錯，跟一個妳所深愛的人發生性關係，如果雙方都可以感覺到滿足和快樂的話，那真的是非常完美的一件事；但是如果妳跟一個錯誤的人，在一個錯誤的時間發生第一次的話，這樣的結果有可能讓人覺得十分受傷。所以在發生第一次性關係之前，一定要慎選對象，千萬不要操之過急。

　　性愛可以加深兩人之間的情感，但是也可能導致意想不到的反效果。有些女孩在事後會變得更加依賴對方，無時無刻都想黏著對方。性愛如同是一把雙面刃，有好的一面，也有壞的一面，妳可以在事前多多透過與父母和朋友的交談，或者是媒

體的有用資訊來了解性愛。妳也可以好好地跟男友懇談一番，把自己心中的話說出來。

最重要的是千萬不要忘記，每一次發生性行為之後，都有可能會讓妳懷孕，尤其是如果妳根本沒有避孕的話，中獎的機率更是高得嚇人。我並不是在危言聳聽，但要是妳想繼續固定的性生活，雙方一定要做好萬一懷孕的心理準備。

性愛不是是非題。性愛需要不斷地練習，慢慢地雙方都會建立起信心，知道如何去取悅對方，假以時日，妳們一定可以放開心胸享受性的歡愉。

第一次之後一定要有第二次嗎

當然沒有必要！那是妳自己的身體，妳有絕對的權利選擇每一次發生性關係的對象和時間。許多人的第一次都是在迷迷糊糊的狀態下完成的，有可能是喝了一點小酒，有可能是一時衝動，所以這些在不夠理智的情況下所完成的第一次，會令妳十分後悔。部分女孩子常常在男友的苦苦哀求下，很不情願地與對方完成第一次，有些女孩雖然在緊要關頭的時候拚命說不，但是男友卻誤會她是在欲拒還迎地挑逗他。上述狀況下所發生的第一次，當然不會是一段很愉快的經驗，但是過去的事情就讓它過去了，以後的妳當然有權利決定到底要不要跟男友繼續發生性關係，甚至是考慮要不要跟原來的男友繼續交往下去。

決定要或不要，妳是唯一擁有主動權的人，沒有人可以勉強妳做一些妳不願意的事。妳可以跟他說：「我跟你在一起很

快樂，但是我覺得我們必須再多花點時間來了解彼此，千萬不
要誤會是因為你做錯了什麼事情，這只是我現在的感受。」或
許當妳說完這段話之後，妳的另一半會不高興，也或許他會了
解第一次發生的時機有點太快。如果他不開心，妳可以安慰對
方，以後仍然可以保有親吻及愛撫等親密的動作，因為妳還是
非常喜歡前戲的感覺。妳一定要誠實地告訴對方妳的感受，讓
他知道以後多的是機會可以再度發生性關係，只是現在的時機
不適合罷了！

　　萬一妳跟現任男朋友分手，如何和下任男朋友處理同樣的
問題呢？有的男生會有一種錯誤的觀念，他們認為只要那個女
孩曾經跟別人發生過性關係，也就順理成章地可以跟其他男人
發生性關係，這是完全不對的想法。每一段新的感情都不同，
妳對於每一個新的男友的感覺也不會跟前任男友一樣。不管如
何，妳一定要確定自己是跟一個正確的人、在正確的時間和地
方發生性關係才行，而且絕對要做好避孕措施。

高潮究竟是什麼

　　有人認為最完美的性關係，就是雙方都能夠在性行為的過
程中同時達到高潮。這是可遇而不可求的最完美狀態，但是男
女雙方對於性刺激的感受度不同，所以基本上很難同時達到這
樣的境界。男生大部分都是透過陰莖在陰道內部的來回抽動達
到快感，但是許多女孩的快感源卻來自於陰核的刺激，陰莖在
陰道內部的刺激反而比較次要，統計結果也顯示，只有三分之
一的女性是透過陰莖在陰道內部的刺激而達到高潮的。所以我

建議妳們，可以在性交的過程中，透過撫觸來刺激陰核以達到高潮。

請不要被一些色情電影或書籍所影響，錯誤地認為女人達到性高潮的時候，一定會像AV女優一樣呻吟大叫。當然有些女生確實會達到如此忘我的境地，但是也有些人喜歡默默地感受這樣的快感。每個人享受高潮的方式都不一樣，找出最自然的方式就對了。部分的女孩在達到第一次高潮之後，如果繼續不斷地接受更多性刺激的話，有可能會達到第二次以上的高潮，這樣的情形叫做多重性高潮。

錯誤的觀念

1.發生性關係之後就會讓自己看起來不一樣，每個人都會知道妳失去童貞了：這樣的想法是不正確的，因為沒有人可以從外表看出來，妳昨天晚上到底做了什麼？女生在事後幾天內可能會感到陰道部位有點疼痛，陰道內部的肌肉在接受過刺激之後，或許會使妳走路的時候雙腳張得比較開。男生則可能發現自己的雙手和肚子附近的肌肉有點疼痛，那是因為做愛的時候過度用力使然。不過這些狀況並不會引起別人太大的注意。

2.過度性交會讓陰道鬆弛：不會的！陰道會在陰莖插入時變大變寬，但是一旦陰莖抽出後便會回復到正常狀態。有些女人在生產過程中會覺得陰道被撐得很開，而小寶寶的頭部又比陰莖的尺寸來得大，所以她們會擔心陰道鬆弛的問題，有些產後縮陰復健運動可以幫助婦女朋友們解決這個問題，只要妳能

夠認真進行凱格爾縮陰運動，通常日後還是可以進行正常的性生活。

3.**男人的陰莖越大，越能夠讓女人滿足快樂：**許多男人都十分煩惱自己的陰莖是否太小，深怕自己無法在床上取悅女人，但是事實上女人達到高潮與否，幾乎與男人陰莖的大小沒有關係。女人能否達到高潮的關鍵，在於男人到底有沒有用心去試各種辦法來挑動女人情慾及感官。陰莖插入陰道之後，隨著陰莖不斷地來回抽動，陰道內部的神經感覺其實都一樣，有些陰莖尺寸過大的男人，反而會讓女人望之卻步，有時候如果前戲不足的話，甚至還會弄傷陰道。

4.**喝酒可以讓人放鬆，而且很助性：**喝酒的確會讓人放鬆，平常比較害羞的人常常在酒後變得開放，對於性愛變得躍躍欲試。但是酒後亂性時候會讓妳悔不當初，比如說忘記採取避孕措施，或者是跟一個妳根本不喜歡的男孩做愛。有些女孩子就是這樣失去童貞的，所以千萬要避免這種悲劇發生。有些人喝完酒之後會昏昏欲睡，所以做愛的時候根本體會不到高潮的快感，有些男人更慘，喝完酒之後連勃起都有困難呢。

第 16 章

當妳想對性說「不」

　　令人難過的是，在現代人的兩性關係中，有些人永遠學不會如何去尊重對方，他們仍然喜歡藉由暴力等方式來達成脅迫對方的手段，比如說性騷擾、性虐待或是性攻擊等等。萬一妳不幸成為上述問題的受害者，本章節會提供給妳一些還擊的方法，其中包括：

♥性騷擾

♥暴露狂

♥性虐待

♥強暴

性騷擾

　　有些男性朋友認為，用一些帶有性暗示的字眼來取笑女性是一件很好玩的事情，或者是把一些不雅的黃色圖片放在妳面前，詢問妳個人的性生活等等，不管是在學校或者是工作場所，這樣的性騷擾事件真的是屢見不鮮。有人或許不以為意，認為這只是男性友人的善意挑逗或者是開開玩笑，但是卻有許多女孩子會因此感到沮喪。性騷擾的尺度如果已經達到無法忍受的地步的話，一些帶有恐嚇和羞辱性的字眼可能會使女生完全失去自信心，心情陷入最消沉的境地。

　　要是妳曾經要求對方停止這樣的性騷擾，對方卻不罷手的話，妳可能會因為恐懼而更加退縮，我建議妳一定要向學校的老師，或者是公司的長官報告這樣的事情，一再姑息對方只會讓情況更加惡化。

　　如果是在學校發生性騷擾的事情，妳可以告訴一位可信任的師長以及妳的父母，或者是家中的任何一位成員。如果妳不敢當面開口的話，也可以將事情原原本本地寫下來，用書面的方式來告知。許多學校都有專職處理性騷擾事件的機構和人員，只要妳肯鼓起勇氣，通常他們都會提供給妳應有的協助。另外有一些社福機構同樣可以提供援助。

　　如果這件事是發生在職場上的話，這算是一種性別歧視的案例，妳當然不能忍氣吞聲地坐視這種事情發生。首先妳可以選擇將這件事情報告長官，但是萬一不幸這位長官就是對妳性騷擾的人的話，妳就必須將報告層級提升至勞委會來處理。

暴露狂

很不幸地，許多倒楣的女性都曾經遇過這種變態的男人，當著淑女的面前將自己的傢伙掏出來把玩。有些女孩會對眼前這樣不堪的畫面一笑置之，有些女孩則會感到十分的害怕不悅，因為她們不知道這些變態男下一步會做出什麼樣的舉動。有些人認為這些暴露狂大部分都是年紀比較大的怪叔叔，但是其實這樣的偏差行為大多數是從青少年時期便養成的，如果在小時候沒有好好地去矯正這些偏差行為的話，暴露會成為一種習慣。雖然暴露狂並不一定會去侵犯女性的身體，但是如果他們屢次得逞並從中得到莫大樂趣的話，或許有一天會轉而真正侵犯女性的身體。

如果妳遇到一個暴露狂，先保持鎮定，不要有任何反應。雖然對方沒有進一步對妳做出侵犯的舉動，但是他還是犯了妨害風化罪，所以妳一定要將這件事情告訴妳可以信任的人，或者是警察。這樣的犯罪行為必須遏止，必須讓對方受到法律的制裁，絕對不能讓他繼續去傷害其他女性。

性虐待

我們對於性虐待的人通常有一個既定形象，那就是長相猥瑣，喜歡在公園送糖果給小孩，進行拐騙，但是事實上並非如此。某些性虐待的罪犯常常是在我們身邊出現的人，可能是妳最信任的人也說不定，包括父親、表哥、祖父母、叔叔、繼兄

或繼父等，甚至是學校同學和老師、褓姆和鄰居都有可能。有些性虐待者是女性，他們的共同特徵都是年紀比妳大、比妳高壯，會用比妳高的權威和位階來迫使妳服從，如果不從的話就會出言恐嚇。

這些性虐待者從來不會覺得自己犯錯，他們也根本不會顧慮到妳的感受，他們十分聰明，知道怎麼擺布妳，讓妳噤若寒蟬。他們喜歡的虐待對象通常都是落單的小孩，這些小孩子被虐待之後，多數都不敢張揚，因為他們覺得這種醜事讓他們有罪惡感，在別人面前抬不起頭來。這些變態的人會逼迫妳裝出一副樂在其中的模樣，讓他們從中得到滿足與快感。雖然妳不喜歡這種被性虐待的感覺，但是妳的身體卻會對施虐者的觸摸與愛撫有所反應，這樣的反應則會讓妳的內心更加困惑、充滿罪惡感。

不管這樣的事情是不是只發生過一次而已，在妳心中的陰影卻會持續相當久的一段時間。受害者會陷於十分沮喪的情緒中，每天食不知味，可能也會染上酒癮和毒癮，日後對於他人會較不信任，無法與他人再度發展出親密關係。我建議妳們一定要找一些專業人士進行諮商，將妳個人的不愉快感覺說出來，好讓自己能夠早日重建信心。

某些性虐待的案例需要長時間的調查，才可以讓真相水落石出，不過一旦罪證確鑿的話，不管時間過了多久，還是可以將罪犯繩之以法的。

性攻擊

如果沒有當事人同意的話，沒有人可以撫摸或接觸到妳的身體或性器官，不管是在學校、公司或是其他地方皆然。只要是貿然對別人做出此類性攻擊的話，不管雙方的年齡為何，都會被提起告訴。

強暴

關於強暴有各種似是而非的迷思，比如說有人認為強暴者通常是屬於那些無法克制自己性衝動的男子，而年輕的性感女孩最容易成為受害者（因為自身招蜂引蝶才會惹禍上身），強暴犯大都是躲在暗處伺機而動的陌生人等等，不過上述這些觀念是不正確的。

◆ 大多數的男性都可以控制住自己的性衝動。強暴是一種加諸於受害者的暴力行為，許多強暴者的出發點或許並非跟性衝動有關

◆ 不論何種年紀的女人、小孩和男性（包括小寶寶和老人）都有可能成為受害者，受害者的種族和社會階級也沒有特定區分

◆ 被強暴的人之所以受害，跟他們的穿著打扮沒有關係，沒有任何一個人可以用強迫和羞辱的手段，來強迫他人與其發生性關係。許多強暴犯事先都經過精心縝密的策畫

◆ 百分之九十以上的案例證明，強暴犯是熟識的人，另外有半數的案例則是發生在受害者家中

　　構成強暴的定義如下：男性在未經過受害者的同意之下，以陰莖插入受害者的嘴巴、肛門和陰道內。有些錯誤的觀念認為，女性之所以會被強暴，是因為她們沒有奮力反抗，所以強暴犯誤以為她們也樂在其中。這樣的說法十分不正確，女性朋友面臨到這麼恐怖的暴行時，內心十分害怕，以致於無力去抵抗。有些強暴犯不一定使用暴力，他們可能會想辦法將對方灌醉，或是餵食毒品，使她們完全失去反抗的能力。

約會和熟人強暴

　　之所以叫做約會和熟人強暴，是指女性朋友答應了男性友人的邀約一起出門，卻慘遭對方強暴，施暴者有可能是現任男友或前任男友，也有可能是網友或者是筆友。熟人強暴的加害者通常不是男朋友的關係，但有可能是熟識的友人，比如說老師、醫生、輔導人員或朋友的男朋友等等。

　　約會和熟人強暴的受害者，受到的震驚通常很大，因為無法預料一個原本認識且相信的人，竟然會做出如此下流的事情。這樣的心理創傷可能會持續數個月之久，烙在心中的傷痕久久不能消去。這類型的強暴案件受害者年齡，大概都介於十三歲到十四歲之間。許多男性加害者都會辯稱對方是出於自願的。

來自男友的強迫

　　許多女孩經常面對男友苦苦哀求想要發生性關係的壓力，總是陷入萬分掙扎的兩難境地，這種身不由己的感覺真是有苦說不出。兩性關係的發展，如果能夠兩情相悅的話，當然

是最好的，但是卻常常事與願違。男生經常把性當成是一件最好的愛情報酬，精蟲衝腦的他們會變得盲目不清，為求目的而不擇手段，完全沒有顧慮到女孩子的感受，尤其是雙方如果已經發生過性關係的話，男孩更加理所當然地認為再做一次又何妨。

有時候在面對男友苦苦哀求的時候，女孩子會選擇讓步棄守，但是如果妳讓男友不斷地食髓知味的話，以後不管是何時何地，只要他想要的話，便會不擇手段地來達成目的，慢慢地他就會對妳失去原有的尊重。不要忘記，妳有權力對任何人說不，妳必須要堅持底線來維持自己的自尊。

約會藥物強暴

這類型的強暴案例是透過藥物來達到暴力性攻擊的目的，對方會趁妳不注意的時候，在妳所喝的飲料中下藥，神智不清的妳根本無力反抗。這類藥物有許多種，包括強力鎮靜劑羅西諾（Rohypnol）以及伽瑪瘂基丁酸（GHB），俗稱強姦藥丸，它們的特徵是無色無味，可以瞬間在妳所喝的可樂、茶、酒、奶昔、咖啡和牛奶中溶解。

如果喝了被下藥的飲料，通常都會出現類似酒醉的症狀，言語不清並且失去理智。在藥效發作數小時之內，妳只能讓對方為所欲為，甚至連事後都無法清楚地記起來到底發生了什麼事。每種藥物的藥性都不一樣，最強效的羅西諾鎮靜劑甚至具有長達四十八小時的藥效。

當妳醒來的時候是在一個完全陌生的地方，甚至是在某個陌生人的家中（有些歹徒喜歡將受害者帶到家中），而且發

現妳的衣衫不整，下體疼痛，全身上下有被性侵害的跡象，那麼請妳記得要趕快去報案，警方也會立刻替妳進行血液和尿液化驗，希望能夠從妳體內的殘留藥物反應找出破案的根據和線索。妳不要擔心警方會把妳當成毒癮犯來處理，他們會以強暴的案件來進行偵查。

性攻擊和酒精

雖然剛剛所說的約會藥物強暴聽起來好像很可怕，不過有些強暴事件卻都是單純因為飲用酒精而引起的，受害者和加害者雙方都在當時飲用過多的酒精，因而導致不幸事件的發生。部分有心人士會邀約妳到酒吧喝酒，故意要求酒保給妳一杯雙份的伏特加，毫無戒心的人，根本不曉得小小一杯烈酒，喝下肚後會產生多大的副作用。

對於酒精的危害程度，每個人應該都必須具備的相關知識，絕對不要低估酒精對於人體的傷害。每個人都必須對於自己的酒量有自知之明，如果妳已經覺得自己有一點醉意的話，請馬上停止喝酒，並且立刻要求一位好朋友陪妳回家，或者是打電話給父母，以免發生抱憾終生的後果。

不過儘管妳可能因為自己喝醉了而遭到性侵害，這件事情絕對錯不在妳，務必要記得這一點。

被性攻擊和強暴後該怎麼辦？

在經歷過如同夢魘一般的強暴惡夢之後，與其讓自己默默承受這麼大的痛苦，不如鼓起勇氣向警方報案，即使妳仍然不清楚到底發生了什麼事，不知道該把這樣的痛苦經驗歸類於性

攻擊或是強暴，而且在報案之後，也無法確定那匹惡狼是否會被繩之以法。勇於報案的妳，在警局的時候可能會面對以下狀況：

◆ 警方會立刻幫妳進行檢體化驗（有些狡猾的歹徒會戴保險套，以防止遺留的體液被檢驗出來），並且替妳進行性病檢測，以及緊急避孕措施。負責替妳進行檢驗的專業醫護人員，絕對會為妳保密。

◆ 如果妳決定控告對方，報案的時間越早越好。所有化驗的資料和證據，最好能夠在七十二小時內完成搜證工作。

◆ 不要清洗或更換衣服，以免破壞任何證據的完整性。當妳被強暴之後，一定會很想馬上清洗自己身體，但是千萬要忍住，趕快去報案進行檢體採證後，妳還是可以好好地清洗一番。

◆ 將被強暴時所穿的衣服完整地保留下來，對於警方的搜證辦案極有助益。

◆ 妳可以帶朋友或是一位親戚與妳同行前去報案，在警局時也可以要求女警或是女醫生幫妳進行化驗，如果妳在警局覺得不舒服的話，妳有權利隨時離開。

　　警方對於妳的身分資料會保密，所以一旦妳提出告訴的話，請放心，妳的名字和照片都不會出現在電子媒體上。報案的時間越快越好，以免造成警方採集搜證上的困難。雖然有些強暴犯在案發數年後，仍然有可能被逮捕到案，但是這種機會很小。

性攻擊之後的情緒問題

不管當初發生這些不幸事件的原因和狀況為何，請妳一定要記得，這些錯誤的責任全不在妳。妳或許會感到恐懼、憤怒、羞恥、充滿罪惡感，有時候腦海中會出現那些可怕的畫面，尤其是在晚上的時候，更是惡夢連連，讓人想嚎啕大哭。妳根本不想讓任何人靠近妳，尤其是男人，這樣的反應是很正常的，不過請記得一定要找人協助妳度過難關。

找一位知心朋友好好談一談，才可以幫助妳走過這一段低潮時期，或是找妳的父母親、老師或醫生談談都行，有許多受虐社服中心也可以提供給妳幫助。或許妳會覺得羞於啟齒，不過這些專業人員真的可以給妳許多有用的諮商服務。另外也有許多免費的保密電話也可以利用，妳也可以當面跟他們懇談，他們絕對會替妳保守所有祕密。

如何幫助遭遇性攻擊的朋友

如果妳有朋友遇到這樣的不幸事件，妳一定要盡其所能地幫助她們度過難關。一開始聽聞此事時，妳可能會感到生氣不快，或許也可能跟對方一樣感到無助。我提供一些協助的方法給大家參考（當然，受害者也有可能是男性朋友）：

◆問問對方有什麼需要，設身處地為對方著想，但是不要太過主觀，以免幫倒忙。或許她只想躺在沙發上，靠在妳的身旁大哭一場，或者是陪她散散步、看看電影，一切決定都依對方。

◆不要逼問她發生什麼事，讓她心平氣和地主動將事情說出來。或許她會重覆地說出那一段往事，也有可能什麼都不想說，甚至是欲言又止也說不定，同樣的，讓她自己選擇吧！

◆不要任意用自己的看法去評斷對方，對方或許認為那是一件非常嚴重的傷害，但是妳可能認為微不足道，不管妳個人的看法如何，絕對要尊重對方的感受。

◆絕對要保護她的隱私權。千萬不要跟第三者說這件事情，甚至把這件事情拿來當成茶餘飯後的笑談。把別人的痛處拿來當成八卦到處散播，是一件極為殘忍又不道德的行為，所以要是妳在受害之後，找不到一位可以信任的朋友的話，妳可以尋求社福人員的幫忙。

◆不要勉強妳的朋友去報案，把決定權交給對方，千萬不要造成對方任何心理上的壓力。妳可以好意地提醒對方，或許越早報案的話，越能夠及早將惡徒繩之以法，警方也可以即時搜集證據，如果她想報案的話，妳或者是其他的好朋友也可以陪她一起去。

自我保護

雖然本章節談到許多讓人不愉快的話題，但這些都是必須要面對的現實問題。只要擁有足夠的自保常識，就能減低受害的危險。

如何避免被藥物迷昏

◆絕對不要將視線移開妳的飲料之外，就算是去洗手間也要隨

手帶著，如果忘了的話，再點一杯新的。任何飲料都有可能被下藥，不一定只有酒精性飲料。

◆不要接受陌生人所請的飲料。如果是一位熟人請妳喝的話，請務必看清楚這杯飲料是從酒保的手中親手接過來的。

◆如果妳是跟一群朋友一起出去，妳可以要求一位好朋友互相盯緊對方的飲料，千萬不要跟任何人交換飲料喝。

◆每一次盡量都將飲料喝完，不要留一半放在桌上，如果是罐裝或瓶裝飲料的話，請記得將蓋子蓋好，以免被人下藥。

如何知道飲料被下藥

◆如果妳喝的是酒類，可能會覺得味道有點怪，喝了幾杯之後，妳就會覺得自己已經神智不清了。

◆如果妳所喝的是茶或咖啡，卻出現類似酒醉的症狀，那就表示飲料有問題。

如果覺得自己誤飲被下藥的飲料

◆馬上找一個安全的地方，並且通知朋友要他們立刻幫妳叫計程車，或者是親自帶妳回家，也可以請他們代為通知妳的父母。

◆妳通知的這位朋友，必須是一位可以完全相信的熟人。

◆如果妳是跟一位陌生人在陌生的地方，妳可以通知現場的負責人員，請他們帶妳到一個安全的地方，比如說辦公室，然後再請他們通知妳的父母或朋友，最後請他們幫妳叫輛計程車。

◆絕對不要讓陌生人帶妳回家，他可能是一位強暴犯。

外出安全守則

◆晚上出門時，必須先想好到時候要怎麼回家。

◆出門前一定要告訴親友妳要去的地方、何時回家，如果回家的時間有變，請記得通知他們。

◆出門的時候一定要注意四周人事物的狀況。

◆相信妳的直覺，妳的直覺會保護妳。

◆走路時表現出有自信的樣子，盡量找一些人多的地方走，避免走小巷或是地下道。

◆如果妳正在講手機的話，請特別注意四周是否有陌生人從背後接近妳。

◆盡量不要落單，走路時有人陪伴最好。

◆如果妳是一個人出門，回家時盡量找朋友陪妳。

◆如果妳是在火車或是公車上，盡量坐在人多的地方或是司機旁，特別注意四周有沒有怪異的人接近，如果旁邊有人讓妳覺得不舒服的話，妳可以馬上離開座位。

◆走在路上的時候如果有車輛靠近妳，妳可以馬上轉身並且轉往另外一個方向，讓這輛車迴轉不及而無法跟上妳。

◆如果有人跟蹤妳的話，請馬上進入附近商店內，或走入人群之中。

◆如果有人對妳造成威脅的話，請馬上大叫吸引旁人注意，或者是立刻跑開。

◆必要的時候，可以把手中的皮包、袋子和電話都丟掉，趕快

逃跑最要緊，妳的生命是無價的。

約會安全守則

◆盡量與對方約在白天人多的地方，直到妳確定對方是個好人，不會讓妳感到不舒服為止。

◆第一次約會可以帶個朋友一起去，妳如果覺得對方沒問題的話，約會中途可以做個暗號要求朋友可以離開。

◆妳一定要跟親友（父母是最好的選擇）告知約會的地點和時間，約會對象的名字和他的電話號碼，以及妳回家的時間。

◆在還沒完全認識對方之前，盡量不要一個人赴約，或者是讓他開車來載妳，甚至是去他家中。

◆相信妳的直覺，如果約會過程讓妳覺得不舒服、而且坐立難安的話，請馬上離開現場，以後不要再跟對方見面。不要覺得自己像是有被迫害妄想症的人，這樣做是為自己好。

網路交友守則

◆網路聊天室是一個很有趣的地方，但是有一些簡單的規則妳必須遵守，最重要的是千萬不能向對方洩露妳的個人資料，例如就讀的學校、全名、地址、電話號碼和相片等等。

◆有些大人會假扮成小孩，在網路上騙取年輕人對他們的信任，虛擬網路和真實世界的人往往不是一致的，即使他們偽裝得很像。

◆如果網友讓妳感到害怕，或者是留言內容很下流的話，甚至是張貼一些情色圖片、寄恐嚇郵件，請立刻告知可以信任的長輩。

◆千萬不要跟陌生網友碰面,他們可能是危險人物,如果妳堅持要去的話,務必通知妳的父母,盡量約在人多的地方,並且請一位成年的朋友陪妳一起去,不要忘記帶手機出門。

第 **17** 章

懷孕了怎麼辦

　　避孕失敗的原因，有可能是因為避孕措施做得不夠確實，也有可能是某些自私的男孩不肯戴上保險套，寧願採用體外射精的方式來避孕，忽略到在性交過程中，可能已經有某些精子進入女性生殖器官內，在子宮內與卵子結合著床。不管如何，幾乎有半數的懷孕結果都是非預期的。

　　本章節內容包括：

♥真的懷孕了嗎？

♥選擇墮胎或生下小孩？

真的懷孕了嗎

　　當妳體內的卵子與精子成功結合在子宮內著床以後，代表懷孕的第一步已經完成。正確的懷孕日期可以推算至上一次月經來臨的最後一天開始，一直到生產的那一刻，總共需要三十七到四十二週的時間（大約九個月），不過平均有五分之一的婦女都會流產。流產的時間大部分是在懷孕前十二周內，許多女孩都會有大量陰道出血的狀況，因此部分的人根本都還不知道自己已經懷孕。懷孕的徵兆如下：

◆月經沒來
◆月經期間較短，出血流量較少
◆頻尿
◆疲倦感加重
◆胸部微脹
◆反胃想吐（並非只有早上），及下腹疼痛
◆有偏食的傾向

　　如果妳曾經與男孩發生過性行為，並且有以上其中一種症狀的話，妳可能懷孕了。最好的辦法是去醫院進行詳細檢查，越早知道結果越好。如果妳決定將孩子留下來，不管是要自己撫養，或者是送給別人撫養，婦產科醫生會為妳做最詳細的健康檢查計畫，好讓妳平安順利地將孩子生下來。如果妳不想要這個小孩的話，必須要趕快做決定，確定自己的懷孕時間已經

多久。

　　一般來說，去醫院和診所進行懷孕檢測最為準確，專業人員可以提供給妳最佳的協助。或者妳也可以去藥房和超市買一些驗孕劑回家自行使用，好處是妳可以馬上知道結果，並且不會讓任何人知道。把自己的尿液滴在驗孕片上，如果幾分鐘後變了顏色，即使顏色變化並不明顯，那就代表妳懷孕了，因為妳的尿液已經含有某種懷孕之後所產生的女性荷爾蒙。

　　當然如果妳的尿液稀釋過多的話，也有可能會出現誤差的情況，比如說妳喝了太多的酒或其他飲料，使得荷爾蒙變得非常稀少。因此要是妳的檢測結果沒有問題，但是下一次月經卻又沒來的話，我建議妳再做一次檢測。

　　基本上，如果驗孕結果呈陽性反應的話，誤差值應該是很小，某些已經驗出懷孕的人，很可能還會有下次月經的來潮，不過這種機會非常小，而且也不用擔心自己是不是罹患了不孕症。有時候也有可能是子宮外孕的緣故，而導致誤以為懷孕的妳，卻又白忙一場。

　　不管如何，去婦產科診所是最安全的做法，請妳放心，醫院絕對會替妳保密，而且一定會有專業的相關人員與妳懇談後續處理辦法。

如果沒有懷孕的話

　　這時候的妳終於可以鬆一口氣了，不過為了確保妳沒有懷孕，我建議妳再做一次複檢。同時下一次要記得做好避孕措施，不是每一次都可以這麼好運的，妳可以參考第十章之中所提過的各種詳細避孕方法。

　　第二章之中我也提過，月經不來的可能性有很多，但是如果妳真的很擔心自己所出現的各種奇怪症狀的話，請趕快去找醫生看看吧！

如果懷孕的話

　　這時候的妳必然是非常震驚恐慌，孤單且困惑的妳覺得心中充滿罪惡感，妳很擔心男友和父母不知會有何反應，當然還是會有部分的女孩很高興自己懷孕了。最重要的是那個寶寶是妳的骨肉，妳有權力決定該怎麼做。

　　妳必須在最短的時間內決定該怎麼處理：將寶寶留下來自己養、送給別人領養或是墮胎。最遭糕的處理方式就是完全不管它，甚至假裝沒有這件事發生，自欺欺人的結果只會使處境更加艱難。如果妳想將寶寶保留下來，就要接受醫生的治療，如果要墮胎的話也必須盡快安排。

　　未預期懷孕的狀況真的會讓女孩措手不及，所以盡量不要把這件事情埋在自己心中。身邊有許多深愛妳的人可以提供幫忙，並且也可以客觀地提供給妳許多寶貴意見，所以第一步就是要告訴這些愛妳的人，包括好友、男友、雙親都可以。

　　當然，妳的父母知道消息之後可能會很不高興，但是在歷經情緒化的一段時間之後，他們是最能夠提供給妳幫助的人，他們或許也會打電話給家扶中心求援，尋求最專業的青少年懷孕問題諮商。如果妳真的害怕父母親知道的話，妳可以考慮告訴老師、親戚、醫生、學校輔導員等人，並且立刻到居家附近的醫院檢查。

　　妳的男友知道之後，要他一下子接受馬上要當爸爸的事

實也不好受，不過有些男孩應該也很樂意與妳一起思考未來該
如何做。通常妳的男友都會支持妳的決定才對，即使他的心中
並不想這麼做。不過，總之妳有權決定告訴孩子的父親，妳也
可以選擇不讓他知道關於妳懷孕這件事。男友並沒有權力來決
定妳的最終選擇為何，但是以道德層面來說，畢竟他是孩子的
爹，妳應該還是要告知對方。

　　有些女孩可以很明快地做出決定，但是有些困惑的女孩卻
會手足無措，所以我建議這些女孩一定要去找專業人員諮商，
但是，請記得最後決定權還是操之在妳手上。

如何當一個小媽媽

　　讓我十分驚訝的是，許多未婚懷孕的青少年竟然都想保
留孩子，她們很希望能夠有一個可以讓她們疼愛的寶寶，因為
寶寶以後長大也會同樣愛她們。聽起來很浪漫，可是現實生活
卻不是如此，或許她們根本沒想到撫養一個寶寶是多麼艱苦的
事，妳必須在寶寶出生之後，用全心全意來照顧寶寶，那將會
佔去妳所有的時間。即使是成年的伴侶在結婚多年後有了自己
的小孩，雖然經濟生活不虞匱乏，但是兩人的婚姻關係也會開
始產生極大的牽絆，更何況是未成年的妳們呢？

　　許多未婚媽媽通常都會成為單親家庭，最初一開始兩人可
能會沉醉在三人世界的美滿狀態中，但是過了不久，男友便會
承受不了壓力而落跑。十分之九的小爸爸都是窮光蛋，只有非
常微薄的收入可以養家，這可是會讓媽媽和寶寶的經濟狀況陷
入絕境的。如果自己的父母過去也是年輕的未婚小爸媽，通常

他們的子女也很有機會成為未婚小爸媽。

留下寶寶

　　如果妳決定留下寶寶，請馬上進行產前檢查。朋友對妳的一些建議，都比不上專業醫護人員對妳的診斷，產前及懷孕的期間有許多事情必須要特別注意，定期的產前檢查可以確保妳跟胎兒的健康，如果妳有糖尿病或高血壓的話，更是要進行特別的治療，否則會影響妳跟胎兒的健康。許多懷孕時的飲食習慣和內容也要特別注意，有些食物可能會危害嬰兒的健康，這段期間至少要做到戒煙酒的壞習慣，尤其是不能吸毒。

　　許多政府單位都會派人來輔導小媽媽和她們的父母，希望她們生產完之後可以回到學校讀書或是找工作，也希望小媽媽的男友可以一起協助她，所以請妳務必要跟醫生、社福人員保持密切連繫。

如何跟寶寶相處

　　當一個小媽媽是一件很累的工作，所以很多女孩都不想那麼早就生寶寶，因為未婚媽媽可能無法繼續完成學業，學歷過低的人在未來是很難脫離貧窮生活的，而且妳過去的同學都繼續升學，當她們在享受美好的學生生活時，妳卻要在家辛苦地撫養小寶寶。不過請各位女性朋友記住一點，不管妳的年紀多小，一旦妳生完寶寶之後，妳就必須擔負起一個媽媽的角色和責任。

　　如此年輕的妳，一定很難忍受每天跟寶寶朝夕相處，但是換個角度來看，一旦妳的小孩長大後，妳仍然非常年輕，妳也

可以重新認識朋友。許多小媽媽都跟妳一樣,也曾經有過這段歷程。或許妳可以透過社福人員安排,多跟一些跟妳有同樣遭遇的未婚媽媽談一談。

交託領養

如果妳將小孩交給別人領養的話,或許另外一對養父母可以成為小寶寶的合法雙親。當然現代人比較不喜歡這麼做,所以有越來越多的單親家庭。但是如果妳真的無法獨立撫養小孩,想替他找一個領養家庭的話,妳可以求助於社福機構,社工人員會跟妳詳談領養的細節。

社工人員會在妳懷孕的期間幫妳找尋適當人選,但是會等到妳生產完之後才確定人選,如果妳在這段期間想要改變主意的話都還來得及。

許多人都很喜歡領養小孩,所以妳不用擔心無法找到適當人選,或者是養父母會虐待妳的小孩。社工人員會根據妳的要求來進行篩選,甚至妳也可以選擇跟養父母見面談談。這樣的領養過程不需要經過妳的男友同意許可,但是社工人員還是會先聽聽他的想法,不過如果妳不想洩露男友身分的話,社工人員也不會勉強妳。

懷胎十月之後將孩子順利生出來可不是件簡單的事,社工人員會等到妳生完小孩六星期之後才會要妳做出最後決定,但是一旦法庭確認妳的領養程序後,一切便無法再反悔了。

小孩被領養後,妳或許會產生憤怒生氣、若有所失的失落感,畢竟那是妳懷胎生下來的小孩啊!這樣的感覺過一段時

間會自然回復正常，但是也有可能成為妳這一輩子心中永遠的痛，妳一定要把心中的感受告訴好朋友，讓他們一起幫妳承擔妳的痛苦。

選擇墮胎

墮胎通常會透過兩種方法，一種是服用藥物，一種是透過外科手術。墮胎是一種很痛苦的過程，妳通常不會想將這件事情張揚出去。有些人認為墮胎是女方的權利，沒有人可以干涉她的自由選擇，但是儘管自己忍痛選擇墮胎，事後卻經常陷於極度後悔的狀態。

當妳與朋友詳細的討論之後，接下來必須跟醫生及社工人員好好地談談，他們會提供給妳最中肯的建議。可是在某些特殊的狀況下，醫生卻會建議妳一定要墮胎：

◆ 生產可能會危及孕婦的身體和精神方面的健康，比如說會讓孕婦陷入極為消沉的情緒中。

◆ 嬰兒本身有基因和生理上的先天缺陷

以上是兩種最常見的強迫墮胎理由，另外如果孕婦的本身健康狀況已經不適合繼續懷孕的話，醫生也會要求妳墮胎，但是大部分的墮胎理由都是屬於第一種類型。醫生在決定墮胎手術之前，會先檢查嬰兒懷胎幾個月，以及告知孕婦關於墮完胎之後的一些注意事項，包括墮胎手術可能發生的風險。

手術的狀況

醫生一定要先檢測肚中的寶寶到底幾個月大了，才可以決定要用什麼方法來進行墮胎。如果是早期懷孕的話，手術就十分簡單，所以妳一定要請醫生及早為妳安排手術。

術後的情緒問題

百感交集的妳，必定是千頭萬緒、不知從何說起才好，或許妳做出了一個最正確的決定，但是罪惡感和失落感卻會讓妳情緒消沉很長一段時間。這樣的傷痛其實很難癒合，很可能在幾個星期、幾個月或是幾年後，過去的陰影又突然浮現。

找一些可以信任的親戚朋友訴訴苦，或許妳的感覺會好些，妳也可以到社福機構找一些專業的諮詢人員談談。

第 18 章

關於性的問答題

　　本章節會介紹一些妳可能覺得難為情的問題，甚至連妳跟男朋友之間都不敢討論。這些問題可能都曾經出現在雜誌和電視上，而妳對它們有著似是而非的觀念：

♥什麼是口交？

♥做愛通常要多久時間？

♥什麼是六九式體位？

♥可以阻止男友提早射精嗎？

♥性愛體位有幾種？

♥為什麼有人喜歡肛交？

什麼是口交？

我男朋友要求我幫他口交，可是我不知道會有什麼後果，口交後會懷孕嗎？

所謂口交，就是用妳的嘴巴和舌頭去接觸男方的陰莖。口交是一種非常親密的性行為，並非每個人都能夠享受其中，如果妳不願意的話，妳可以拒絕。如果妳同意進行口交的話，請記得幫他戴上保險套以防止性病，但要是妳們兩人都已經通過性病檢查的話，就可以不必戴保險套。許多女孩會在男孩射精前將嘴巴移開，有些女孩則不排斥精液可能會沾到嘴巴，就算將精液吞下也不會讓妳懷孕，因為精子只有進入陰道才有可能在子宮著床。

做愛通常要多久時間？

每一次做愛要多久時間，陰莖如何進入陰道呢？男生自己找得到地方進去嗎？

陰莖在進入陰道之前，男女雙方都需要幫點忙。前戲的愛撫過程中，可以先讓陰道慢慢地溼潤，分泌物產生之後的陰道比較好進入，而且前戲的過程中也可以讓陰道內壁的肌肉放鬆。如果女孩一直太緊張，陰道內部又太乾的話，勉強進入的話會造成極大疼痛，陰莖甚至根本無法進入陰道。一旦陰莖進入陰道開始來回抽插之後，直到射精才會停止動作，這個過程從幾秒鐘到三十分鐘都有可能。但是雙方沒有必要對做愛時間

斤斤計較，感覺愉快滿足才是最重要的。

什麼是六九式體位？

我聽過六九式體位，那到底是什麼？

六九式體位指的是雙方同時為對方口交，之所以稱為六九，是因為兩個人的口交姿勢跟這兩個數字的外觀很像。口交時最好使用不含殺精劑的口交專用保險套，以防止性病的傳染。這樣的姿勢其實並不舒服，而且不能看到對方的表情，無法正確得知對方是否真正愉快。

什麼是震動器？

我朋友說她媽媽的抽屜有一個震動器，請問它的用途為何，哪裡可以買得到呢？

這種塑膠製品的震動器，外型並不一定如同男人的陰莖，震動器是由電池產生動力，造成嗡嗡的強力震動效果。女性朋友並不喜歡將這類震動器放入陰道內，她們比較偏好用震動器刺激陰核來達到高潮。許多性問題治療師也會建議女病人用這種方式來醫治冷感的毛病，等到性冷感的症狀減輕之後，醫生會要求病人直接跟性伴侶做愛，不要太過於依賴震動器。女性朋友也可以把震動器當成是一般的自慰工具，或者是要求性伴侶幫助妳使用震動器。盡量不要交換使用震動器，以免傳染性病。

我可以阻止男友提早射精嗎？

我的男友很容易早洩，我並不介意，但他似乎很苦惱，我們該怎麼做呢？

早洩的問題非常普遍，特別是一些年紀輕的男孩，因為如果他們太過於興奮的話，便無法控制射精的時間。但是只要他慢慢地熟悉性愛的過程，多多了解自己身體的微妙反應，他就會逐漸學會控制自己的射精時間。使用保險套的好處很多，除了可以避孕和防止性病之外，也可以讓男性朋友延長射精時間。

性愛體位有幾種？

我朋友說有一百多種的性愛體位，真的有那麼多嗎？

有些書籍會介紹許多讓人眼花撩亂的性愛體位，但是如果妳們把做愛當成是做體操的話，搞不好最後會把自己弄得筋疲力盡。最常見的體位是雙方面對面，這種體位的好處是可以清楚地看到對方的表情，了解對方的感受。男上女下的傳教士體位是一般人最喜歡採用的姿勢，但是偶爾也可以換成女上男下；另外一種狗爬式體位，則是女方在蹲跪時，男方由後方插入；還有一種湯匙式體位，側臥的男女雙方姿勢，女方在前，男方由側邊插入。站立的體位則需要強壯的男性才可以辦到，站立的男性可以將女性身體環抱在腰間進行性交。性愛的過程是很美妙的，除了要注意避孕和性病之外，多多運用想像力的

話，一定可以讓性關係更加完美。

為什麼有人喜歡肛交？

我聽過許多人說他們很喜歡肛交，為什麼呢？

將陰莖插入另一個人的屁眼叫做肛交。屁眼內部有許多敏感的神經組織，所以有許多人喜歡這樣的快感。但是如果沒有經過適當潤滑的話，肛交會很痛的！而且肛交很容易傳染性病，因為屁眼的皮膚組織非常脆弱，陰莖在狹小的屁眼抽插時，很容易破皮發炎感染。一般人是不喜歡肛交的，一旦肛交時則一定要戴保險套。就跟其他的性行為一樣，只要妳不願意，妳有權力拒絕男友的任何要求。

女同性戀怎麼做愛？

兩個女人躺在床上要怎麼做愛呢？

通常她們都會使用嘴巴和雙手來達到做愛高潮。她們跟正常男女一樣，十分享受兩人的前戲過程，只是她們並不需要陰莖的插入。乳房的愛撫在做愛的過程中佔有極重要的地位，當然也有人會使用人工按摩棒來助興，有些人則不喜愛，她們跟正常人沒兩樣。

3P是什麼？

我男朋友一直暗示我跟他的另一位好哥們，三個人一起做愛，可是我不想！三個人怎麼做啊？

　　如果三個人都是自願做愛的話，並沒有任何人強迫對方，的確是有許多人喜歡這樣的做愛方式。但是事後通常妳的男友還是無法克制自己的嫉妒心，有的人則會有被利用的感覺，所以我對於有這種想法的男孩都會十分擔心，而妳也不應該成為男友的性玩具。一個尊重女友的男人，絕對不會將女友送到其他人的床上！而且三人行的懷孕和得性病風險也很高，因為一個不尊重女性的男人，怎麼會管妳是否會懷孕、或者是染上性病呢？

要是我在做愛時犯了錯怎麼辦？

　　我還沒發生過任何性關係，我很怕第一次的時候男友會笑我笨，妳有任何妙方嗎？

　　　性愛不是考試，所以妳不用擔心自己會不及格。兩人濃情蜜意的時候，自然就會從心底滋生想要做愛的感覺，兩個相知相惜的人，在紮實的愛情基礎下，做愛絕對是一件很美妙的事。當然也可能會有一些小插曲，比如說突然肚子痛、掉下床去、緊張到保險套戴不上去、陰莖抽插時讓陰道發出好笑的聲音等等，有的女孩也會因為前戲不足，導致乾燥的陰道無法順利讓陰莖進入。這些小意外都十分常見，但是性愛是透過一次又一次的學習來達到雙方最滿足的狀態，所以只要妳們彼此信任，做好避孕措施，這趟性愛冒險之旅絕對是很有趣的。不要擔心，等妳準備好了，遇到一個對的男孩，那就是時候了。